山东省工程建设标准

自防水混凝土应用技术规程

Technical specification for application of
self-waterproof concrete

DB 37/T 5058-2024

主编单位：山东省建筑材料工业设计研究院
　　　　　济南市工程质量与安全中心
批准部门：山东省住房和城乡建设厅
　　　　　山东省市场监督管理局
施行日期：２０２４年４月１日

中国建筑工业出版社

2024　北京

山东省工程建设标准

自防水混凝土应用技术规程

Technical specification for application of
self-waterproof concrete

DB 37/T 5058-2024

*

中国建筑工业出版社出版、发行（北京海淀三里河路9号）
各地新华书店、建筑书店经销
北京红光制版公司制版
建工社（河北）印刷有限公司印刷

*

开本：850毫米×1168毫米　1/32　印张：3　字数：80千字
2024年3月第一版　　2024年3月第一次印刷
定价：35.00元
统一书号：15112·42470

版权所有　翻印必究
如有质量问题，可寄本社读者服务中心退换
电话：（010）58337283（邮政编码 100037）
本社网址：http://www.cabp.com.cn
网上书店：http://www.china-building.com.cn

山东省住房和城乡建设厅
山东省市场监督管理局
公 告

2024年 第1号

山东省住房和城乡建设厅
山东省市场监督管理局
关于批准发布《城镇老旧小区改造技术标准》
等16项山东省工程建设标准的公告

《城镇老旧小区改造技术标准》《建设工程造价指标采集与发布标准》《工程造价电子文件数据结构标准》《工程建设项目与建筑市场平台标准》《住宅烟气集中排放系统技术标准》《建筑光伏一体化应用技术规程》《建设工程见证检测标准》《耐低温抗震热轧带肋钢筋应用技术标准》《装配式混凝土结构临时支撑系统应用技术标准》《再生混凝土预制构件应用技术规程》《自防水混凝土应用技术规程》《钢-超高性能混凝土组合桥面施工与验收标准》《桥梁顶升移位改造技术标准》《城市道路沥青混合料面层施工技术标准》《建筑垃圾再生骨料路面基层技术标准》《地源热泵系统工程技术规程》等16项山东省工程建设标准，业经审定通过，批准为山东省工程建设标准，现予以发布，自2024年4月1日起施行。原《住宅厨房卫生间排烟气系统应用技术规程》DB 37/T 5081－2016、《太阳能光伏建筑一体化应用技术规程》DB 37/5007－2014、《装配式结构独立钢支柱临时支撑系统应用技术规程》DB 37/T 5053-2016、《微膨胀防水混凝土应用技术规程》DB 37/T 5058-2016 和《地源热泵系统工程技术规程》DBJ 14-068-2010 同时废止。

以上标准由山东省住房和城乡建设厅负责管理,由主编单位负责具体技术内容的解释。

附件:山东省工程建设标准发布名单

山东省住房和城乡建设厅　山东省市场监督管理局
2024 年 2 月 26 日

附件

山东省工程建设标准发布名单

序号	标准名称	标准编号	主编单位
1	城镇老旧小区改造技术标准	DB 37/T 5270-2024	山东省建筑设计研究院有限公司 山东省建筑科学研究院有限公司
2	建设工程造价指标采集与发布标准	DB 37/T 5271-2024	青岛市建筑工程管理服务中心 济南市城乡建设发展服务中心
3	工程造价电子文件数据结构标准	DB 37/T 5272-2024	青岛市建筑工程管理服务中心 济南市城乡建设发展服务中心
4	工程建设项目与建筑市场平台标准 第1部分：平台基本功能要求	DB 37/T 5273.1-2024	山东省建设培训与执业资格注册中心 山东交通学院
	工程建设项目与建筑市场平台标准 第2部分：基础信息数据	DB 37/T 5273.2-2024	山东省建设培训与执业资格注册中心 山东交通学院
	工程建设项目与建筑市场平台标准 第3部分：工程建设项目审批数据	DB 37/T 5273.3-2024	山东省建设培训与执业资格注册中心 山东交通学院
	工程建设项目与建筑市场平台标准 第4部分：建筑市场监督数据	DB 37/T 5273.4-2024	山东省建设培训与执业资格注册中心 山东交通学院
5	住宅烟气集中排放系统技术标准	DB 37/T 5081-2024	山东省住房和城乡建设发展研究院 山东中科恒基建材有限公司
6	建筑光伏一体化应用技术规程	DB 37/T 5007-2024	山东省住房和城乡建设发展研究院 隆基绿能科技股份有限公司

续表

序号	标准名称	标准编号	主编单位
7	建设工程见证检测标准	DB 37/T 5274-2024	山东省建设工程质量安全中心
8	耐低温抗震热轧带肋钢筋应用技术标准	DB 37/T 5275-2024	山东省建筑科学研究院有限公司 中建三局第一建设工程有限责任公司
9	装配式混凝土结构临时支撑系统应用技术标准	DB 37/T 5053-2024	山东天齐置业集团股份有限公司 山东省建筑科学研究院有限公司
10	再生混凝土预制构件应用技术规程	DB 37/T 5276-2024	同济大学 菏泽城建工程发展集团有限公司
11	自防水混凝土应用技术规程	DB 37/T 5058-2024	山东省建筑材料工业设计研究院 济南市工程质量与安全中心
12	钢-超高性能混凝土组合桥面施工与验收标准	DB 37/T 5277-2024	中建八局第一建设有限公司 山东中建八局投资建设有限公司
13	桥梁顶升移位改造技术标准	DB 37/T 5278-2024	济南黄河路桥建设集团有限公司
14	城市道路沥青混合料面层施工技术标准	DB 37/T 5279-2024	青岛市政空间开发集团有限责任公司 青岛冠通市政建设有限公司
15	建筑垃圾再生骨料路面基层技术标准	DB 37/T 5280-2024	山东交通学院 济南黄河路桥建设集团有限公司
16	地源热泵系统工程技术规程	DB 37/T 5281-2024	山东中瑞新能源科技有限公司 山东省住房和城乡建设发展研究院

前　言

根据山东省住房和城乡建设厅、山东省市场监督管理局《关于印发2022年第二批山东省工程建设标准制修订计划的通知》（鲁建标字〔2022〕14号）要求，山东省建筑材料工业设计研究院等单位经广泛调查研究，认真总结工程应用实践经验，在广泛征求意见基础上，参考国内外相关标准，并结合山东省实际情况，对原《微膨胀防水混凝土应用技术规程》DB 37/T 5058－2016进行了全面修订。

本规程主要技术内容包括：1.总则；2.术语和符号；3.基本规定；4.原材料；5.混凝土性能；6.设计；7.混凝土生产与施工；8.质量检验与验收。

本规程修订的主要技术内容有：1.将标准名称调整为《自防水混凝土应用技术规程》；2.增加了氧化镁类混凝土膨胀剂、钙镁复合类混凝土膨胀剂、温控型镁质抗裂剂、水化温升抑制剂和防裂抗渗复合材料的指标要求和应用规定；3.增加了"防裂设计"和"防水构造设计"两节，规定了采用自防水混凝土的工程应进行防裂设计和防水构造设计的要求；4.增加了自防水混凝土的混凝土限制膨胀率的设计参考值；5.更新了对自防水混凝土养护的规定；6.质量检验和验收方面，增加了对自防水混凝土用原材料进场验收的规定；7.补充完善了相关的附录资料。

本规程由山东省住房和城乡建设厅负责管理，由山东省建筑材料工业设计研究院负责具体技术内容的解释。实施过程中，如发现需要修改和补充之处，请将有关意见和建议反馈给山东省建筑材料工业设计研究院（地址：山东省济南市市中区南辛庄西路276号，邮编：250022，电话：0531-87963860，E-mail：15053166918@163.com）。

主 编 单 位：山东省建筑材料工业设计研究院
　　　　　　济南市工程质量与安全中心
参 编 单 位：山东省华冠建材技术开发有限公司
　　　　　　武汉源锦建材科技有限公司
　　　　　　山东省交通科学研究院
　　　　　　山东省建筑设计研究院有限公司
　　　　　　中交建筑集团有限公司
　　　　　　中交一航局第二工程有限公司
　　　　　　中铁建工集团有限公司
　　　　　　山东华材工程检测鉴定有限公司
主要起草人员：张明征　王　志　靳志刚　邵海涛　纪宪坤
　　　　　　方　博　郭保林　韩振林　李胜旺　武春阳
　　　　　　常明仕　王晓明　陶　锐　高　健　殷际运
　　　　　　郭　健　李　勇　程　鹏　田延刚　刘甲旺
　　　　　　张　坤　刘海青　丁立华
主要审查人员：刘　立　鲁统卫　袁惠星　冯竞竞　侯鹏坤
　　　　　　李　晖　董士文　葛序尧　谢慧东

目 次

1 总则 ……………………………………………………………… 1
2 术语和符号 ……………………………………………………… 2
　2.1 术语 …………………………………………………………… 2
　2.2 符号 …………………………………………………………… 3
3 基本规定 ………………………………………………………… 4
4 原材料 …………………………………………………………… 5
　4.1 水泥 …………………………………………………………… 5
　4.2 骨料 …………………………………………………………… 5
　4.3 矿物掺合料 …………………………………………………… 6
　4.4 外加剂 ………………………………………………………… 6
　4.5 拌合用水 ……………………………………………………… 9
　4.6 其他材料 ……………………………………………………… 10
5 混凝土性能 ……………………………………………………… 11
　5.1 拌合物性能 …………………………………………………… 11
　5.2 力学性能 ……………………………………………………… 11
　5.3 抗裂防水性能 ………………………………………………… 11
　5.4 长期性能与耐久性能 ………………………………………… 13
6 设计 ……………………………………………………………… 14
　6.1 一般规定 ……………………………………………………… 14
　6.2 配合比设计 …………………………………………………… 14
　6.3 防裂设计 ……………………………………………………… 14
　6.4 防水构造设计 ………………………………………………… 15
7 混凝土生产与施工 ……………………………………………… 18
　7.1 原材料进场与储存 …………………………………………… 18
　7.2 计量 …………………………………………………………… 18

 7.3 生产与运输 ··· 19
 7.4 浇筑与养护 ··· 19
8 质量检验与验收 ··· 23
 8.1 原材料质量检验 ··· 23
 8.2 自防水混凝土性能检验 ······································· 23
 8.3 自防水混凝土工程评价与验收 ································· 24
附录 A 自防水混凝土系统防水构造 ································· 27
附录 B 氧化镁类混凝土膨胀剂、钙镁复合类混凝土膨胀剂、
   温控型镁质抗裂剂的限制膨胀率试验方法 ··············· 44
附录 C 自防水混凝土限制膨胀率试验方法 ························· 48
附录 D 混凝土绝热温升降低率试验方法 ··························· 51
本规程用词说明 ··· 54
引用标准名录 ··· 55
附：条文说明 ··· 59

Contents

1 General provisions ··· 1
2 Terms and symbols ·· 2
  2.1 Terms ·· 2
  2.2 Symbols ··· 3
3 Basic requirements ··· 4
4 Materials ·· 5
  4.1 Cement ·· 5
  4.2 Aggregate ·· 5
  4.3 Mineral admixture ··· 6
  4.4 Chemical admixture ··· 6
  4.5 Water ·· 9
  4.6 Others ·· 10
5 Properties of concrete ·· 11
  5.1 Mixture properties ·· 11
  5.2 Mechanical properties ····································· 11
  5.3 Property of crack-resistance and waterproofing ············ 11
  5.4 Long-term properties and durability ···················· 13
6 Design ·· 14
  6.1 General requirement ······································· 14
  6.2 Mix proportion design ····································· 14
  6.3 Anti-cracking design ······································· 14
  6.4 Waterproof structure design ······························ 15
7 Concrete production and construction ······················ 18
  7.1 Entry and storage of raw materials ····················· 18
  7.2 Measurement ·· 18

	7.3	Production and transport	19
	7.4	Pouring and curing	19
8		Quality inspection and acceptance	23
	8.1	Quality inspection of raw materials	23
	8.2	Performance inspection of self-waterproof concrete	23
	8.3	Assessment and acceptance of project with self-waterproof concrete	24

Appendix A　The watertight construction of self-waterproof concrete ··· 27

Appendix B　Test method for limiting expansion rate of mortar with magnesium oxide expansive agents, calcium and magnesium oxides based expansive agents and magnesium oxide anti-cracking agents with temperature suppression ············· 44

Appendix C　Test method for limiting expansion rate of self-waterproof concrete ····························· 48

Appendix D Test method for reduction rate of adiabatic temperature rise of concrete ························· 51

Explanation of wording in this specification ····················· 54

List of quoted standards ··· 55

Addition: Explanation of provisions ······························· 59

1 总 则

1.0.1 为规范自防水混凝土的应用,保证防水工程质量,遵循安全可靠、技术先进、经济合理的原则,制定本规程。

1.0.2 本规程适用于自防水混凝土的原材料控制、性能控制、设计、生产与施工、质量检验与验收。

1.0.3 自防水混凝土的配制、设计和施工除应符合本规程外,尚应符合国家和山东省现行有关标准的规定。

2 术语和符号

2.1 术 语

2.1.1 自防水混凝土 self-waterproof concrete

混凝土中掺加功能性材料，通过配合比优化设计，进行规范的原材料生产、施工质量控制，制成的具有良好拌合物性能、力学性能、耐久性能和长期性能，使主体结构兼具承重、围护和防水功能的混凝土。

2.1.2 自防水混凝土系统 self-waterproof concrete system

主体结构采用自防水混凝土，同时对变形缝、后浇带、施工缝等细部构造进行防水密封处理，并根据工程需要增加外设防水层或构造防水措施的防水体系。

2.1.3 氧化镁类混凝土膨胀剂 magnesium oxide expansive agents for concrete

与水泥、水拌和后经水化反应生成氢氧化镁的混凝土膨胀剂。

2.1.4 硫铝酸钙类混凝土膨胀剂 calcium sulphoaluminate expansive agents for concrete

与水泥、水拌和后经水化反应生成钙矾石的混凝土膨胀剂。

2.1.5 氧化钙类混凝土膨胀剂 calcium oxide expansive agents for concrete

与水泥、水拌和后经水化反应生成氢氧化钙的混凝土膨胀剂。

2.1.6 硫铝酸钙-氧化钙类混凝土膨胀剂 calcium sulphoaluminate-calcium oxide expansive agents for concrete

与水泥、水拌和后经水化反应生成钙矾石和氢氧化钙的混凝土膨胀剂。

2.1.7 钙镁复合类混凝土膨胀剂 calcium and magnesium oxides based expansive agent for concrete

由轻烧氧化镁膨胀材料与氧化钙类或硫铝酸钙-氧化钙类膨胀材料按照一定比例复合的混凝土膨胀剂。

2.1.8 防裂抗渗复合材料 anti-crack and anti-permeability composite materials

由具有密实减缩作用的粉体材料与合成纤维等按一定比例复配制得，掺入混凝土中可提高其防裂和抗渗性能的复合材料。

2.1.9 水化温升抑制剂 concrete temperature rise inhibitor

掺入水泥混凝土中，可以有效降低水泥水化加速期水化放热速率，且基本不影响水化总放热量的外加剂。

2.1.10 温控型镁质抗裂剂 magnesium oxide anti-cracking agent with temperature suppression

以氧化镁类混凝土膨胀剂和水化温升抑制剂为关键组分，具有补偿混凝土收缩变形和降低混凝土水化温升功能的外加剂。

2.1.11 外涂型水泥基渗透结晶型防水材料 cementitious capillary crystalline waterproofing admixture

以硅酸盐水泥、石英砂为主要成分，掺加一定量活性化学物质制成的粉状材料，经与水拌和后调配成可刷涂或喷涂在水泥混凝土表面的浆料；亦可采用干撒压入未完全凝固的水泥混凝土表面。

2.2 符　　号

D——结构最小截面尺寸；

T——平均环境温度；

$\Delta\varepsilon$（28d-3d）——胶砂试件在指定条件下养护 28d 的限制膨胀率与养护 3d 的限制膨胀率的差值；

$\Delta\varepsilon$（28d-7d）——胶砂试件在指定条件下养护 28d 的限制膨胀率与养护 7d 的限制膨胀率的差值；

$\Delta\varepsilon$（28d-7d）——混凝土试件在 40℃ 水中养护 28d 的限制膨胀率与养护 7d 的限制膨胀率的差值。

3 基 本 规 定

3.0.1 表3.0.1中所列的工程部位宜使用自防水高性能混凝土。

表3.0.1 宜使用自防水混凝土的工程部位

序号	工程类别	工程部位
1	工业与民用建筑	防水基础底板或承台、抗渗外墙、超长连续防渗外墙、防渗楼屋面板、防渗池壁板、止水层、止水墙、挡土墙、防渗后浇带等
2	水利水电工程	水坝、水电站地下泵房、渠道和管道、蓄水池、涵洞、闸墩等
3	水处理工程	污水池、蓄水池、中水池、渠道和管道、闸板等
4	市政工程	隧道、地铁、道路防渗结构、超长抗渗路面板、市政给水排水渠道、管道、管廊工程、箱涵等
5	人防工程	地下人防涵洞防渗结构、防护工程等
6	道桥、渡河工程	隧道、桥梁、道路基础防渗结构等
7	港口工程	长期与水接触或处于潮湿环境下的混凝土结构
8	其他工程	堵漏、坍塌、缺陷混凝土结构的填充、修补处理等

3.0.2 自防水混凝土宜采用预拌混凝土。

3.0.3 膨胀剂在自防水混凝土的适用条件应符合下列规定：

1 硫铝酸钙类混凝土膨胀剂适用于长期服役环境温度为80℃以下的钢筋混凝土结构，不宜用于极干和干旱环境的工程，不宜用于长期处于流动性软水侵蚀环境的工程。

2 氧化钙类混凝土膨胀剂适用于混凝土浇筑过程中，胶凝材料水化温升导致结构内部温度不超过40℃的环境。

3 氧化镁类混凝土膨胀剂不宜用于中心温峰值小于20℃的混凝土结构，不宜用于冬期施工的最小尺寸小于150mm的混凝土结构。

4 原 材 料

4.1 水 泥

4.1.1 制备自防水混凝土时，宜选用强度等级不低于42.5级的通用硅酸盐水泥，其性能应符合现行国家标准《通用硅酸盐水泥》GB 175的有关规定。水泥的3d水化热不宜大于280kJ/kg，7d水化热不宜大于320kJ/kg。大体积混凝土宜选用符合现行国家标准《中热硅酸盐水泥、低热硅酸盐水泥》GB/T 200的中、低热硅酸盐水泥。

4.1.2 使用低热微膨胀水泥、明矾石膨胀水泥、自应力硫铝酸盐水泥、自应力铁铝酸盐水泥时，自防水混凝土不宜掺加膨胀剂。

4.2 骨 料

4.2.1 粗骨料的选择除应符合现行行业标准《普通混凝土用砂、石质量及检验方法标准》JGJ 52的有关规定外，尚应符合下列规定：

1 粗骨料宜采用连续级配。

2 粗骨料最大粒径不应超过构件截面最小尺寸的1/4，且不应超过钢筋最小净间距的3/4；对实心混凝土板，粗骨料的最大粒径不宜超过板厚的1/3，且不应超过40mm。

3 粗骨料中的含泥量不应大于1.0%、泥块含量不应大于0.2%，坚固性指标不应大于8%。

4.2.2 细骨料的选择除应符合现行行业标准《普通混凝土用砂、石质量及检验方法标准》JGJ 52的有关规定外，尚应符合下列规定：

1 天然砂宜选用中砂，含泥量不应大于3.0%、泥块含量不应大于1.0%，坚固性指标不应大于8%。

2 采用人工砂时，应符合现行行业标准《人工砂混凝土应用技术规程》JGJ/T 241的有关规定。

3 不宜单独采用特细砂。

4.2.3 应选用非碱活性骨料。

4.3 矿物掺合料

4.3.1 粉煤灰应符合现行国家标准《用于水泥和混凝土中的粉煤灰》GB/T 1596的有关规定，宜采用Ⅰ、Ⅱ级粉煤灰，当采用C类粉煤灰时，应进行安定性检测。

4.3.2 粒化高炉矿渣粉应符合现行国家标准《用于水泥、砂浆和混凝土中的粒化高炉矿渣粉》GB/T 18046的有关规定。

4.3.3 硅灰、石灰石粉和复合矿物掺合料的技术要求应符合现行国家标准《矿物掺合料应用技术规范》GB/T 51003的有关规定。

4.3.4 矿物掺合料的放射性指标应符合现行国家标准《建筑材料放射性核素限量》GB 6566的有关规定。

4.4 外 加 剂

4.4.1 外加剂应符合国家现行标准《混凝土外加剂》GB 8076、《混凝土外加剂应用技术规范》GB 50119、《聚羧酸系高性能减水剂》JG/T 223、《砂浆、混凝土防水剂》JC/T 474、《混凝土防冻剂》JC/T 475、《混凝土防冻泵送剂》JG/T 377等的有关规定。

4.4.2 不同种类膨胀剂的性能指标及使用要求应符合下列规定：

1 硫铝酸钙类、氧化钙类、硫铝酸钙-氧化钙类混凝土膨胀剂应符合现行国家标准《混凝土膨胀剂》GB/T 23439的有关规定。

2 氧化镁类混凝土膨胀剂性能指标应符合表4.4.2-1的规定。

表 4.4.2-1 氧化镁类混凝土膨胀剂性能指标

项目		指标要求			检验方法
		R型	M型	S型	
MgO 含量（%）		≥80.0			现行国家标准《水泥化学分析方法》GB/T 176
烧失量（%）		≤4.0			
反应时间（s）		<100	≥100且<200	≥200且<300	现行行业标准《水工混凝土掺用氧化镁技术规范》DL/T 5296
细度（%）	80μm方孔筛筛余	≤5.0			现行国家标准《水泥细度检验方法 筛析法》GB/T 1345
	1.18mm方孔筛筛余	≤0.5			
限制膨胀率（%）	20℃水中 7d	≥0.020	≥0.015	≥0.015	本规程附录B
	20℃水中,Δε(28d-7d)	≥0.020	≥0.015	≥0.010	
	40℃水中 7d	≥0.040	≥0.030	≥0.020	
	40℃水中,Δε(28d-7d)	≥0.020	≥0.030	≥0.040	
凝结时间（min）	初凝	≥45			现行国家标准《水泥标准稠度用水量、凝结时间、安定性检验方法》GB/T 1346
	终凝	≤600			
抗压强度（MPa）	7d	≥22.5			现行国家标准《水泥胶砂强度检验方法（ISO法）》GB/T 17671
	28d	≥42.5			

注：进行凝结时间、抗压强度检测时，氧化镁类混凝土膨胀剂按水泥质量的6%取代部分水泥。

3 钙镁复合类混凝土膨胀剂性能指标应符合表 4.4.2-2 的规定。

表 4.4.2-2 钙镁复合类混凝土膨胀剂性能指标

项目		指标要求		检验方法
		Ⅰ型	Ⅱ型	
MgO 含量（%）		≥30 且 ≤50		现行国家标准《水泥化学分析方法》GB/T 176
细度	比表面积（m^2/kg）	≥250		现行国家标准《水泥比表面积测定方法 勃氏法》GB/T 8074
	1.18mm 方孔筛筛余（%）	≤0.5		现行国家标准《水泥细度检验方法 筛析法》GB/T 1345
含水率（%）		≤1.0		现行国家标准《混凝土外加剂匀质性试验方法》GB/T 8077
凝结时间（min）	初凝	≥45		现行国家标准《水泥标准稠度用水量、凝结时间、安定性检验方法》GB/T 1346
	终凝	≤600		
限制膨胀率（%）	20℃水中, 7d	≥0.035	≥0.050	本规程附录 B
	20℃空气中, 21d	≥−0.010	≥0.000	
	60℃水中, Δε (28d-3d)	≥0.015, ≤0.060		
抗压强度（MPa）	7d	≥22.5		现行国家标准《水泥胶砂强度检验方法（ISO 法）》GB/T 17671
	28d	≥42.5		

注：1 进行凝结时间检测时，钙镁复合类混凝土膨胀剂用量按水泥质量的 10% 取代部分水泥。

2 进行抗压强度检测时，钙镁复合类混凝土膨胀剂用量按水泥质量的 5% 取代部分水泥。

4 温控型镁质抗裂剂性能指标应符合表 4.4.2-3 的规定。

表 4.4.2-3 温控型镁质抗裂剂性能指标

项目		指标要求	检验方法
氯离子含量（%）		≤0.06	现行国家标准《水泥化学分析方法》GB/T 176
MgO 含量（%）		≥80.0	
细度（80μm 方孔筛筛余）（%）		≤5.0	现行国家标准《水泥细度检验方法 筛析法》GB/T 1345
限制膨胀率（%）	20℃水中，7 d	≥0.015	本规程附录 B
	20℃水中，Δε (28d-7d)	≥0.015	
	40℃水中，7 d	≥0.030	
	40℃水中，Δε (28d-7d)	≥0.030	
水化热降低率（%）	24h	≥30.0	现行行业标准《混凝土水化温升抑制剂》JC/T 2608
	7d	≤15.0	
抗压强度（MPa）	7d	≥22.5	现行国家标准《水泥胶砂强度检验方法（ISO 法）》GB/T 17671
	28d	≥42.5	

注：1 进行水化热降低率检测时，温控型镁质抗裂剂按水泥质量的 10% 取代部分水泥。
　　2 进行抗压强度检测时，温控型镁质抗裂剂按水泥质量的 5% 取代部分水泥。

4.4.3 抗侵蚀类外加剂应符合下列规定：

1 混凝土防腐剂应符合现行行业标准《混凝土抗侵蚀防腐剂》JC/T 1011 的有关规定。

2 混凝土阻锈剂技术指标应符合现行行业标准《钢筋阻锈剂应用技术规程》JGJ/T 192 的有关规定。

3 混凝土防腐阻锈剂应符合现行国家标准《混凝土防腐阻锈剂》GB/T 31296 的有关规定。

4.4.4 水化温升抑制剂应符合现行行业标准《混凝土水化温升抑制剂》JC/T 2608 的有关规定。

4.5 拌合用水

4.5.1 拌合用水应符合现行行业标准《混凝土用水标准》JGJ

63的有关规定。

4.5.2 不应使用未经淡化处理的海水。

4.6 其他材料

4.6.1 自防水混凝土可根据工程抗裂需要掺加钢纤维或合成纤维，纤维的品种及掺量应经过试验确定，纤维应符合下列规定：

1 钢纤维应符合现行国家标准《混凝土用钢纤维》GB/T 39147的有关规定。

2 合成纤维应符合现行国家标准《水泥混凝土和砂浆用合成纤维》GB/T 21120的有关规定。

4.6.2 防裂抗渗复合材料性能指标应符合现行行业标准《地下工程混凝土结构自防水技术规范》JC/T 60014的有关规定。

5 混凝土性能

5.1 拌合物性能

5.1.1 自防水混凝土拌合物性能应符合现行国家标准《混凝土质量控制标准》GB 50164 的有关规定，同时应符合设计和施工要求，拌合物性能试验应符合现行国家标准《普通混凝土拌合物性能试验方法标准》GB/T 50080 的有关规定。

5.1.2 自防水混凝土拌合物中水溶性氯离子含量应符合现行国家标准《混凝土结构通用规范》GB 55008 的有关规定以及设计要求。

5.2 力学性能

5.2.1 自防水混凝土的抗压强度、轴心抗压强度、静力受压弹性模量、抗折强度、劈裂抗拉强度等力学性能应符合工程设计要求。

5.2.2 自防水混凝土的力学性能试验应符合现行国家标准《混凝土物理力学性能试验方法标准》GB/T 50081 的有关规定。

5.3 抗裂防水性能

5.3.1 自防水混凝土的抗裂性能指标应根据结构最小截面尺寸和结构部位进行设计，抗裂性能指标宜符合表 5.3.1 的规定。

表 5.3.1 自防水混凝土的设计抗裂性能指标

结构最小截面尺寸 D (mm)	结构部位	14d 限制膨胀率（%）	56d 干缩率（$\times 10^{-6}$）
250<D≤500	梁板	≥0.015	≤380
	墙体	≥0.020	
	后浇带、膨胀加强带	≥0.025	—

续表 5.3.1

结构最小截面尺寸 D (mm)	结构部位	14d 限制膨胀率（%）	56d 干缩率（×10⁻⁶）
>500	梁板	≥0.015	≤380
	墙体	≥0.020	Δε (28d-7d) ≥0.005
	后浇带、膨胀加强带	≥0.020	—

注：1 当结构最小截面尺寸大于250mm，且小于或等于500mm时，混凝土限制膨胀率的测试方法按现行国家标准《混凝土外加剂应用技术规范》GB 50119的有关规定进行。

2 当结构最小截面尺寸大于500mm时，混凝土限制膨胀率的测试方法按本规程附录C进行。

5.3.2 针对结构尺寸和混凝土强度等级，应用于自防水混凝土中的膨胀剂可选用硫铝酸钙类、氧化钙类、硫铝酸钙-氧化钙类混凝土膨胀剂，氧化镁类混凝土膨胀剂，温控型镁质抗裂剂，钙镁复合类混凝土膨胀剂。膨胀剂的选用宜按照表5.3.2进行。

表 5.3.2 膨胀剂的选用

结构最小截面尺寸 D (mm)	强度等级	膨胀剂选用规则					
		硫铝酸钙类、氧化钙类、硫铝酸钙-氧化钙类混凝土膨胀剂	氧化镁类混凝土膨胀剂			温控型镁质抗裂剂	钙镁复合类混凝土膨胀剂
			R 型	M 型	S 型		
250<D ≤500	<C40	宜选	宜选	不宜选	不宜选	不宜选	宜选
	≥C40	可选	可选	不宜选	不宜选	可选	宜选
500<D ≤1000	<C40	宜选	可选	可选	不宜选	可选	可选
	≥C40	可选	不宜选	可选	可选	可选	可选
>1000	—	不宜选	不宜选	可选	宜选	宜选	可选

5.3.3 对于截面尺寸不超过400mm的结构，自防水混凝土可采用防裂抗渗复合材料或纤维类材料。掺加纤维类材料的混凝土

宜采用现行国家标准《普通混凝土长期性能和耐久性能试验方法标准》GB/T 50082 中的早期抗裂试验方法进行抗裂性能评价，单位面积上的总开裂面积不宜大于 $400mm^2/m^2$。

5.3.4 用于地下工程的自防水混凝土的抗渗性能应符合现行国家标准《建筑与市政工程防水通用规范》GB 55030 的有关规定及防水设计要求，抗渗试验应符合现行国家标准《普通混凝土长期性能和耐久性能试验方法标准》GB/T 50082 的有关规定。

5.3.5 对于大体积自防水混凝土结构，除应采用现行国家标准《大体积混凝土施工标准》GB 50496 中规定的温控措施外，宜掺加水化温升抑制剂。掺加水化温升抑制剂的混凝土性能指标应符合表 5.3.5 的规定。

表 5.3.5 掺加水化温升抑制剂的混凝土性能指标

项目		指标值	检验方法
凝结时间差（min）		≤300	现行国家标准《混凝土外加剂》GB 8076
泌水率比（%）		≤100	
抗压强度比（%）	7d	≥90	
	28d	≥100	
混凝土绝热温升降低率（%）	1d	≥15	本规程附录 D
	7d	≤10	

5.4 长期性能与耐久性能

5.4.1 自防水混凝土的耐久性能应根据结构的设计工作年限、结构所处的环境类别及作用等级进行确定，环境类别和作用等级应按照现行国家标准《混凝土结构耐久性设计标准》GB/T 50476 的有关规定确定，耐久性能要求应符合现行国家标准《混凝土结构耐久性设计标准》GB/T 50476 的有关规定。

5.4.2 自防水混凝土的长期性能和耐久性能的试验应符合现行国家标准《普通混凝土长期性能和耐久性能试验方法标准》GB/T 50082 的有关规定。

6 设 计

6.1 一般规定

6.1.1 地下工程迎水面主体结构混凝土宜采用自防水混凝土。防水混凝土结构厚度和防水混凝土强度等级应符合现行国家标准《建筑与市政工程防水通用规范》GB 55030 的有关规定。

6.1.2 对于不具备迎水面外防水层施工条件、采用自防水混凝土系统的工程，应制定专项技术方案，方案中涉及创新性的技术方法和措施应进行论证。

6.2 配合比设计

6.2.1 自防水混凝土的配合比设计应按现行行业标准《普通混凝土配合比设计规程》JGJ 55 的有关规定进行。

6.2.2 各类膨胀剂推荐掺量宜符合表 6.2.2 的规定，实际掺量应根据不同工程设计要求通过试验确定。

表6.2.2 各类膨胀剂推荐掺量

膨胀剂类型	硫铝酸钙类、氧化钙类、硫铝酸钙-氧化钙类混凝土膨胀剂	氧化镁类混凝土膨胀剂	温控型镁质抗裂剂	钙镁复合类混凝土膨胀剂
掺量（按胶凝材料质量百分比计）（%）	8～12	6～8	8～10	8～12

6.2.3 自防水混凝土生产过程中，应及时检测粗骨料、细骨料和其他材料的性能，并应根据其变化情况及时调整施工配合比。

6.3 防裂设计

6.3.1 采用自防水混凝土的工程应进行结构防裂设计，地下防水工程的结构防裂设计应符合现行行业标准《地下工程混凝土结构自防水技术规范》JC/T 60014的有关规定，建筑工程的结构防裂设计应符合现行行业标准《建筑工程裂缝防治技术规程》JGJ/T 317的有关规定。

6.3.2 采用自防水混凝土的超长混凝土结构，当钢筋混凝土结构伸缩缝的最大间距超过现行国家标准《混凝土结构设计规范》GB 50010的有关规定时，应按照现行行业标准《超长混凝土结构无缝施工标准》JGJ/T 492的有关规定进行超长结构深化设计。

6.3.3 当梁、柱、墙中纵向受力钢筋的保护层厚度大于50mm时，宜对保护层采取有效的构造措施。当在保护层内配置防裂、防剥落的钢筋网片时，网片钢筋的保护层厚度不应小于25mm。

6.4 防水构造设计

6.4.1 自防水混凝土防水系统的构造宜符合本规程附录A的规定。

6.4.2 防水工程主体结构在采用自防水混凝土的同时，应根据工程实际情况采用下列防水做法：

1 根据工程防水需要可增加外设防水层。

2 排水设施应具备汇集、流径、排放等功能，地下工程集水坑和排水沟应做防水处理，排水沟的纵向坡度不应小于0.2%。

3 变形缝内侧应增设排水盲管，施工缝、穿墙螺栓孔、穿墙管道根、预留通道接头等防水节点应做加强处理，防水节点的构造宜按本规程附录A的规定进行。

6.4.3 自防水混凝土防水顶板不宜采用现浇空心楼盖或预应力混凝土空心楼板结构。

6.4.4 外设防水层的设置应符合下列规定：

1 宜采用能使防水层与主体结构完全贴合防窜水的防水材料及施工方法。

2 卷材与卷材叠合使用时，两层卷材之间应满粘。

3 不同种类的防水材料叠层使用时，材料间应相容。

6.4.5 自防水混凝土系统的防水构造设计要求和外设防水层材料的使用应符合现行国家标准《建筑与市政工程防水通用规范》GB 55030 的有关规定，外防水层材料的选用宜符合表 6.4.5 的规定。

表 6.4.5 外防水层材料参考选用列表

类别	品种名称	执行标准
水泥基防水材料	外涂型水泥基渗透结晶型防水材料	现行国家标准《水泥基渗透结晶型防水材料》GB 18445
	聚合物水泥防水砂浆	现行行业标准《聚合物水泥防水砂浆》JC/T 984
涂料	聚合物水泥防水涂料	现行国家标准《聚合物水泥防水涂料》GB/T 23445
	聚氨酯防水涂料	现行国家标准《聚氨酯防水涂料》GB/T 19250
	非固化橡胶沥青防水涂料	现行行业标准《非固化橡胶沥青防水涂料》JC/T 2428
	喷涂橡胶沥青防水涂料	现行行业标准《喷涂橡胶沥青防水涂料》JC/T 2317
	聚脲防水涂料	现行国家标准《喷涂聚脲防水涂料》GB/T 23446
改性沥青类防水卷材	弹性体改性沥青防水卷材	现行国家标准《弹性体改性沥青防水卷材》GB 18242
	改性沥青聚乙烯胎防水卷材	现行国家标准《改性沥青聚乙烯胎防水卷材》GB 18967
	自粘聚合物改性沥青防水卷材	现行国家标准《自粘聚合物改性沥青防水卷材》GB 23441
	塑性体改性沥青防水卷材	现行国家标准《塑性体改性沥青防水卷材》GB 18243
	预铺反粘防水卷材	现行国家标准《预铺防水卷材》GB/T 23457
	湿铺防水卷材	现行国家标准《湿铺防水卷材》GB/T 35467

续表 6.4.5

类别	品种名称	执行标准
合成高分子类防水卷材	三元乙丙橡胶防水卷材（EPDM）	现行国家标准《高分子防水材料 第1部分：片材》GB/T 18173.1
	聚氯乙烯防水卷材（PVC）	现行国家标准《聚氯乙烯（PVC）防水卷材》GB 12952
	热塑性聚烯烃防水卷材（TPO）	现行国家标准《热塑性聚烯烃（TPO）防水卷材》GB 27789
	聚乙烯丙纶复合防水卷材	现行国家标准《高分子增强复合防水片材》GB/T 26518
	氯化聚乙烯防水卷材	现行国家标准《氯化聚乙烯防水卷材》GB 12953

7 混凝土生产与施工

7.1 原材料进场与储存

7.1.1 原材料进场时，应提供质量证明文件。质量证明文件应包括型式检验报告、出厂检验报告与合格证等；外加剂、纤维等产品还应提供使用说明书。

7.1.2 各种原材料储存应符合下列规定：

1 水泥、矿物掺合料、外加剂等粉状材料应按不同品种、规格、等级和生产厂家分别储存；应防潮、防雨，并应符合有关环境保护的规定。

2 粗、细骨料堆场应有防尘和遮雨设施；粗、细骨料应按品种、规格分别堆放，不应混放，不应混入杂物。

3 各种原材料储存处应有明显标识。

4 水泥、矿物掺合料等储存期超过 3 个月时，应经复检合格后方可使用。

5 粉状外加剂应防止受潮结块，有结块时应进行检验，合格者应经粉碎至全部通过公称直径为 $630\mu m$ 方孔筛后再使用。液体外加剂应储存在密闭容器内，并应防晒和防冻，有沉淀、异味、漂浮等现象时，应经检验合格后方可使用。

7.2 计 量

7.2.1 混凝土生产企业应建立计量设备管理制度，计量设备应在有效检定期内使用，其精度应符合现行国家标准《建筑施工机械与设备 混凝土搅拌站（楼）》GB/T 10171 的有关规定。原材料计量设备应按有关规定由法定计量部门定期校验，并取得有效检定证书。混凝土生产单位每月应自检计量设备一次。

7.2.2 原材料计量偏差每班应进行零点校准；每盘混凝土原材

料计量的允许偏差应符合现行国家标准《预拌混凝土》GB/T 14902 的有关规定，原材料计量偏差应每班检查 1 次。

7.2.3 当掺加纤维等无法采用自动计量的原材料时，应安排专人负责计量操作。

7.3 生产与运输

7.3.1 自防水混凝土的生产和运输应符合现行国家标准《混凝土质量控制标准》GB 50164 和《预拌混凝土》GB/T 14902 的有关规定。

7.3.2 自防水混凝土不应使用受潮结块的水泥和矿物掺合料，并且使用时的温度不宜高于 60℃。

7.3.3 冬期施工生产自防水混凝土时，如需加热拌合水，拌合水温度不应高于 65℃。

7.3.4 自防水混凝土搅拌的最短时间应符合现行国家标准《混凝土质量控制标准》GB 50164 的有关规定，自防水混凝土应搅拌均匀，宜采用强制式搅拌机，搅拌时间应比普通混凝土搅拌时间延长 30s 以上。

7.3.5 掺加防裂抗渗复合材料的混凝土，宜将防裂抗渗复合材料与粗、细骨料一同投入搅拌机中，加入水泥、矿物掺合料、水、外加剂后搅拌 90s～120s。

7.3.6 冬期施工生产混凝土时，原材料的温度和混凝土的温度控制措施应按照现行行业标准《建筑工程冬期施工规程》JGJ/T 104 的有关规定进行。高温环境搅拌混凝土时，宜优先采用骨料遮阳、喷雾降温等措施，降低骨料温度，也可采用地下水或掺加冰水的方法降低拌合物温度。

7.3.7 在运输过程中应控制自防水混凝土不离析、不分层，并应控制混凝土拌合物性能符合施工要求。

7.4 浇筑与养护

7.4.1 自防水混凝土浇筑和养护，除应符合现行国家标准《混凝土质量控制标准》GB 50164、《混凝土结构工程施工规范》GB 50666 的有关规定，尚应符合下列规定：

1 自防水混凝土浇筑前，应根据设计文件或结构物具体技术要求制定完整的技术方案，有针对性地检测运至浇筑现场混凝土拌合物的坍落度、温度、含气量等参数。

2 自防水混凝土拌合物在运输、浇筑、振捣的过程中不应加水。

3 混凝土拌合物的装料、运输、卸料、泵送、浇筑的过程应在混凝土失去塑性流动前进行，当气温不高于 25℃时，不宜超过 2.5h；气温高于 25℃时，不宜超过 2h。

4 大体积自防水混凝土的浇筑与养护应符合现行国家标准《大体积混凝土施工标准》GB 50496 的有关规定。

7.4.2 混凝土模板工程应符合现行国家标准《混凝土结构工程施工质量验收规范》GB 50204 的有关规定，必要时应结合混凝土的养护方法进行保温构造设计。模板的安装和拆除应符合下列规定：

1 存在温度开裂风险的构件，以及存在早期遭受负温影响的最小尺寸小于 500mm 的构件，宜采用木模板、胶合模板或经过保温改造的金属模板。

2 现场环境温度高于 35℃时，宜对金属模板进行洒水降温，洒水后不应留有积水。

3 后浇带或其他部位留置的竖向施工缝，宜用钢板网或钢丝网拼接支模，也可用快易收口网进行支挡；后浇带的垂直支架系统宜与其他部位分开。

7.4.3 混凝土浇筑前应对入模温度进行控制，并应符合下列规定：

1 夏季高温环境施工时，混凝土入模温度不宜高于 30℃。

2 冬期低温环境施工时，混凝土入模温度不应低于 5℃。冬期分层浇筑大体积混凝土时，已浇筑层的混凝土温度在未被上一层混凝土覆盖前不应低于 2℃。

7.4.4 自防水混凝土的浇筑应符合下列规定：

1 浇筑前膨胀加强带和后浇带的设置应符合设计要求，当超长的板式结构采用膨胀加强带取代后浇带时，应根据所选膨胀加强带的构造形式，按规定顺序浇筑。间歇式膨胀加强带和后浇式膨胀加强带浇筑前，应将膨胀加强带内杂物等清理干净，膨胀加强带两侧面进行表面清理凿毛处理，并充分润湿后再浇自防水混凝土。

2 当施工中因各种原因需留施工缝时，在浇混凝土前，应先铺设 30mm～50mm 厚的同配合比无粗骨料的微膨胀水泥砂浆，再浇自防水混凝土。

3 自防水混凝土应采用专业机械分层均匀振捣密实，振捣时以其表面泛浆、不冒气泡为宜，浆体厚度不宜大于 5mm。

4 自防水混凝土浇筑后，在初凝前和终凝前，应分别在混凝土裸露表面进行抹面处理。

7.4.5 自防水混凝土拆模后应及时进行养护，不同构件类型的养护方式宜符合下列规定：

1 底板、顶板及其他水平结构，宜振捣抹面后覆盖薄膜，可进行蓄水养护，也可覆盖土工布等材料保温保湿养护。

2 侧墙或其他竖向结构应根据模板类型、结构厚度和环境温度制定拆模时间与拆模后的养护方案，拆模时间与养护方案宜按表 7.4.5 的规定进行。

表 7.4.5 拆模时间与养护方案

模板类型	最小截面尺寸 D（mm）	要求项目	平均环境温度 T（℃）		
			$T\leqslant5$	$5<T\leqslant22$	$T>22$
金属模板	$D\leqslant500$	拆模时间（d）	$T\leqslant2$	—	—
		养护方式	保温保湿	保湿	
	$D>500$	拆模时间（d）	$T\leqslant3$		
		养护方式	保温保湿		

续表 7.4.5

模板类型	最小截面尺寸 D (mm)	要求项目	平均环境温度 T (℃)		
			$T \leq 5$	$5 < T \leq 22$	$T > 22$
木制或胶合模板	$D \leq 500$	拆模时间（d）	$T \geq 7$	$T \geq 3$	$T \geq 2$
		养护方式	保温保湿		
	$D > 500$	拆模时间（d）	$T \geq 7$	$T \geq 3$	$T \geq 2$
		养护方式	保温	保温保湿	

注：1 保湿措施包括喷淋水管、覆盖薄膜或养护膜、喷养护剂等。
    2 保温措施包括具有防风功能且导热系数低的保温养护材料等。
    3 采用洒水养护时，养护用水的温度与混凝土表面温度之差不宜超过15℃。
    4 采用喷涂混凝土养护剂时，应确保不漏喷和保湿效果，养护时间不应少于14d。

7.4.6 对于冬期施工的自防水混凝土，养护应符合现行行业标准《建筑工程冬期施工规程》JGJ/T 104 的有关规定。

8 质量检验与验收

8.1 原材料质量检验

8.1.1 自防水混凝土的原材料应按检验批次随机取样进行原材料检验，检验结果应符合本规程的指标要求，检验批次和检验项目应符合现行国家标准《混凝土质量控制标准》GB 50164 的有关规定。

8.1.2 自防水混凝土原材料的检验批量应符合下列规定：

1 散装水泥应按每 500t 为一个检验批，袋装水泥应按每 200t 为一个检验批；粗、细骨料应按每 400m³ 为一个检验批；粉煤灰、粒化高炉矿渣粉、硅灰、石灰石粉、磷渣粉、天然火山灰质粉和复合矿物掺合料等矿物掺合料应按每 200t 为一个检验批；膨胀剂应按每 200t 为一个检验批；水化温升抑制剂应按每 50t 为一个检验批；减水剂应按每 10t 为一个检验批；钢纤维应按每 20t 为一个检验批，合成纤维应按每 50t 为一个检验批；水应按同一水源不少于一个检验批；其他材料的检验批次按照各自执行标准的规定进行。

2 当符合下列条件之一时，检验批量宜扩大一倍：
   1) 对经产品认证机构认证符合要求的产品；
   2) 来源稳定且连续三次检验合格；
   3) 同一厂家的同批出厂材料，用于同时施工且属于同一工程项目的多个单项工程。

3 不同批次或非连续供应的不足一个检验批量的混凝土及原材料应作为一个检验批。

8.2 自防水混凝土性能检验

8.2.1 自防水混凝土性能检验应符合下列规定：

1 自防水混凝土拌合物质量检验应符合现行国家标准《预拌混凝土》GB/T 14902 的有关规定，自防水混凝土进场时，应检查混凝土质量证明文件和混凝土坍落度及扩展度。

2 自防水混凝土强度检验应符合现行国家标准《混凝土强度检验评定标准》GB/T 50107 的有关规定。

3 自防水混凝土耐久性能评定应符合设计要求和现行行业标准《混凝土耐久性检验评定标准》JGJ/T 193 的有关规定。

4 自防水混凝土的抗裂性能检验应根据掺加的外加剂进行选择，其质量检验应符合下列规定：

1) 掺加硫铝酸钙类、氧化钙类、硫铝酸钙-氧化钙类混凝土膨胀剂的自防水混凝土的检验结果应符合本规程表 5.3.1 的要求，并符合现行行业标准《补偿收缩混凝土应用技术规程》JGJ/T 178 的有关规定；

2) 掺加氧化镁类混凝土膨胀剂的自防水混凝土的检验结果应符合本规程表 5.3.1 的规定；

3) 掺加防裂抗渗复合材料和纤维类材料的混凝土的检验结果应符合现行行业标准《地下工程混凝土结构自防水技术规范》JC/T 60014 的有关规定；

4) 掺加其他抗裂外加剂的自防水混凝土应按照各个产品有关标准规定的试验方法进行检验。

8.2.2 实体结构的自防水混凝土质量检验应符合现行山东省工程建设标准《高性能混凝土应用技术规程》DB 37/T 5150 的有关规定。

8.3 自防水混凝土工程评价与验收

8.3.1 使用自防水混凝土系统的工程评价与验收应符合现行国家标准《建筑与市政工程防水通用规范》GB 55030 的有关规定，其中地下工程的评价与验收尚应符合现行国家标准《地下防水工程质量验收规范》GB 50208 的有关规定。

8.3.2 自防水混凝土结构分项工程的评价与验收应符合下列

规定：

1 自防水混凝土应按混凝土外露面积进行抽查，每100m²抽查1处，每处10m²，且不应少于3处。

2 自防水混凝土结构表面应坚实、平整，不应有露筋、蜂窝等缺陷；埋设件位置应准确。

检验方法：观察和尺量检查。

3 自防水混凝土结构表面裂缝宽度应符合设计要求，且不应贯通。

检验方法：用刻度放大镜观察检查宽度，通过对裂缝的正面与对应的背面观察确认是否贯通。

4 自防水混凝土结构厚度应符合设计要求，其允许偏差应为＋8mm、－5mm；主体结构迎水面钢筋保护层厚度不应小于50mm，其允许偏差应为±5mm。

检验方法：尺量检查和检查隐蔽工程验收记录。

8.3.3 外设防水层分项工程的评价与验收应符合下列规定：

1 使用的各种材料应符合设计要求。

2 地下工程外设防水层应每100m²抽查1处，每处10m²，且不应少于3处；不足100m²时应按3处计算。细部构造应全数检查。

3 找平层应平整、坚固，不应有空鼓、酥松、蜂窝麻面、起砂、起皮现象。

检验方法：观察和用小锤轻击检查。

4 洞口、穿墙管、预埋件及收头等部位的防水构造应符合设计要求。

检验方法：观察检查和检查隐蔽工程验收记录。

5 砂浆防水层应坚固、平整，不应有空鼓、开裂、酥松、起砂、起皮现象。

检验方法：观察和用小锤轻击检查。

6 涂料防水层应无裂纹、褶皱、流淌、鼓泡和露胎（楂）现象。

检验方法：观察检查。

8.3.4 当自防水混凝土工程的验收未达到设计要求时，应编制专项修复方案，并应经施工单位、设计单位、监理单位或建设单位审核后实施。修复完成后，应进行二次验收，验收合格后方可交付使用。

附录 A 自防水混凝土系统防水构造

A.1 主体结构防水构造

A.1.1 采用自防水混凝土系统的地下工程主体结构防水构造，应根据工程设计的防水要求，按表 A.1.1-1、表 A.1.1-2 选择所用的外防水层材料。

表 A.1.1-1 地下工程外防水层材料选用表（一级防水）

编号	防水层材料
DF1-1	① ≥6mm 厚聚合物水泥防水砂浆 ② ≥1.5mm 厚聚合物水泥防水涂料
DF1-2	① ≥18mm 厚掺防水剂水泥防水砂浆 ② ≥1.5mm 厚聚合物水泥防水涂料
DF1-3	① ≥40mm 厚掺抗裂防水剂防水细石混凝土 ② ≥1.5mm 厚聚合物水泥防水涂料
DF1-4	① ≥1.0mm 厚外涂型水泥基渗透结晶型防水材料 ② ≥1.5mm 厚聚合物水泥防水涂料
DF1-5	① ≥1.0mm 厚外涂型水泥基渗透结晶型防水材料 ② ≥1.5mm 厚聚氨酯防水涂料
DF1-6	① ≥1.0mm 厚外涂型水泥基渗透结晶型防水材料 ② ≥0.9mm 厚聚乙烯丙纶复合防水卷材＋1.3mm 厚聚合物水泥粘结料
DF1-7	① ≥1.0mm 厚外涂型水泥基渗透结晶型防水材料 ② ≥1.2mm 厚预铺反粘防水卷材（塑料类）
DF1-8	① ≥1.0mm 厚外涂型水泥基渗透结晶型防水材料 ② ≥1.2mm 厚反应型高分子自粘防水卷材

续表 A.1.1-1

编号	防水层材料
DF1-9	① ≥1.5mm 厚自粘聚合物改性沥青防水卷材（无胎） ② ≥1.5mm 厚聚氨酯防水涂料
DF1-10	① ≥4.0mm 厚弹性体改性沥青（SBS）防水卷材 ② ≥3.0mm 厚弹性体改性沥青（SBS）防水卷材
DF1-11	① ≥1.5mm 厚自粘聚合物改性沥青防水卷材（无胎） ② ≥1.5mm 厚预铺反粘防水卷材（橡胶类）
DZF1-1	① ≥4.0mm 厚 SBS 改性沥青耐根穿刺防水卷材 ② ≥1.0mm 厚外涂型水泥基渗透结晶型防水材料
DZF1-2	① ≥4.0mm 厚 SBS 改性沥青耐根穿刺防水卷材 ② ≥2.0mm 厚非固化橡胶沥青防水涂料

注：1 若无特别说明，表中①、②不表示顺序，只表示防水层数。
　　2 防水层可根据具体工程情况，叠层设置或分开设置。
　　3 预铺反粘防水卷材与其他类型卷材搭配使用时，应与后浇自防水混凝土粘结。

表 A.1.1-2　地下工程外防水层材料选用表（二级防水）

编号	防水层材料
DF2-1	≥1.0mm 厚外涂型水泥基渗透结晶型防水材料
DF2-2	≥1.5mm 厚聚合物水泥防水涂料
DF2-3	≥6.0mm 厚聚合物水泥防水砂浆
DF2-4	≥40.0mm 厚掺抗裂防水剂细石混凝土
DF2-5	≥4.0mm 厚弹性体改性沥青（SBS）防水卷材

A.1.2　采用自防水混凝土系统的地下工程底板防水构造，应根据工程设计的防水要求和所用外防水层材料的种类，宜从表 A.1.2 选择相对应的做法。

表 A.1.2 地下工程底板防水构造选用表

编号	简图	构造做法	防水材料
底板1		1. 面层（见具体工程设计） 2. 自防水混凝土底板 3. 水泥基防水材料防水层兼做保护层 4. 防水涂料防水层 5. 混凝土垫层 6. 地基土	DF1-1 DF1-2
底板2		1. 面层（见具体工程设计） 2. 自防水混凝土底板 3. 细石混凝土防水层兼做保护层 4. 防水涂料防水层 5. 混凝土垫层 6. 地基土	DF1-3
底板3		1. 面层（见具体工程设计） 2. 自防水混凝土底板 3. 水泥基防水材料防水层 4. 细石混凝土保护层 5. 防水涂料防水层 6. 混凝土垫层 7. 地基土	DF1-4 DF1-5
底板4		1. 面层（见具体工程设计） 2. 自防水混凝土底板 3. 水泥基防水材料防水层 4. 细石混凝土保护层 5. 防水卷材防水层 6. 混凝土垫层 7. 地基土	DF1-6

29

续表 A.1.2

编号	简图	构造做法	防水材料
底板5		1. 面层（见具体工程设计） 2. 自防水混凝土底板 3. 水泥基防水材料防水层 4. 防水卷材防水层 5. 混凝土垫层 6. 地基土	DF1-7
底板6		1. 面层（见具体工程设计） 2. 自防水混凝土底板 3. 细石混凝土保护层 4. 防水卷材防水层 5. 混凝土垫层 6. 地基土	DF1-10 DF1-11 DF2-5
底板7		1. 面层（见具体工程设计） 2. 自防水混凝土底板 3. 水泥基防水材料防水层 4. 混凝土垫层 5. 地基土	DF2-1 DF2-3
底板8		1. 面层（见具体工程设计） 2. 自防水混凝土底板 3. 细石混凝土保护层 4. 防水涂料防水层 5. 混凝土垫层 6. 地基土	DF2-2

续表 A.1.2

编号	简图	构造做法	防水材料
底板9		1. 面层（见具体工程设计） 2. 自防水混凝土底板 3. 细石混凝土防水层 4. 混凝土垫层 5. 地基土	DF2-4

A.1.3 采用自防水混凝土系统的地下工程侧墙防水构造，应根据工程设计的防水要求和所用外防水层材料的种类，宜按表 A.1.3 选择相对应的做法。

表 A.1.3 地下工程侧墙防水构造选用表

编号	简图	构造做法	防水材料
外墙1		1. 回填材料 2. 保温层兼做保护层 3. 防水涂料防水层 4. 水泥基防水材料防水层 5. 自防水混凝土侧墙 6. 面层	DF1-4 DF1-5
外墙2		1. 回填材料 2. 保温层兼做保护层 3. 防水卷材防水层 4. 自防水混凝土侧墙 5. 面层	DF1-10 DF4-5

31

续表 A.1.3

编号	简图	构造做法	防水材料
外墙3		1. 挡土墙 2. 找平层 3. 防水卷材防水层 4. 自防水混凝土侧墙 5. 面层	DF1-10 DF1-11
外墙4		1. 回填材料 2. 保温层兼做保护层 3. 防水卷材防水层 4. 水泥基防水材料防水层 5. 自防水混凝土侧墙 6. 面层	DF1-8
外墙5		1. 回填材料 2. 保温层兼做保护层 3. 防水卷材防水层 4. 防水涂料防水层 5. 自防水混凝土侧墙 6. 面层	DF1-9
外墙6		1. 回填材料 2. 保温层兼做保护层 3. 水泥基防水材料防水层 4. 自防水混凝土侧墙 5. 面层	DF2-1 DF2-3

续表 A.1.3

编号	简图	构造做法	防水材料
外墙7	1 2 3 4 5	1. 回填材料 2. 保温层兼做保护层 3. 防水涂料防水层 4. 自防水混凝土侧墙 5. 面层	DF2-2

A.1.4 采用自防水混凝土系统的地下工程顶板防水构造，应根据工程设计的防水要求和所用外防水层材料的种类，宜从表 A.1.4 中选择相对应的做法。

表 A.1.4 地下工程顶板防水构造选用表

编号	简图	构造做法	防水材料
顶板1		1. 覆土或面层 2. 细石混凝土保护层 3. 防水涂料防水层 4. 水泥基防水材料防水层 5. 自防水混凝土顶板	DF1-1 DF1-2 DF1-4 DF1-5
顶板2		1. 覆土或面层 2. 细石混凝土防水层兼做保护层 3. 防水涂料防水层 4. 自防水混凝土顶板	DF1-3

续表 A.1.4

编号	简图	构造做法	防水材料
顶板3		1. 覆土或面层 2. 细石混凝土保护层 3. 防水卷材防水层 4. 水泥基防水材料防水层 5. 自防水混凝土顶板	DF1-6 DF1-8
顶板4		1. 覆土或面层 2. 细石混凝土保护层 3. 防水卷材防水层 4. 防水涂料防水层 5. 自防水混凝土顶板	DF1-9
顶板5		1. 覆土或面层 2. 细石混凝土保护层 3. 防水卷材防水层 4. 自防水混凝土顶板	DF1-10 DF1-11 DF2-5
顶板6		1. 覆土或面层 2. 水泥基防水材料防水层 3. 自防水混凝土顶板	DF2-1 DF2-3

续表 A.1.4

编号	简图	构造做法	防水材料
顶板7		1. 覆土或面层 2. 细石混凝土保护层 3. 防水涂料防水层 4. 自防水混凝土顶板	DF2-2
顶板8		1. 覆土或面层 2. 细石混凝土防水层兼做保护层 3. 自防水混凝土顶板	DF2-4
种植顶板1		1. 种植土 2. 过滤层 3. 排（蓄）水层 4. 细石混凝土保护层 5. 耐根刺卷材 6. 水泥基防水材料防水层 7. 自防水混凝土顶板	DZF1-1
种植顶板2		1. 种植土 2. 过滤层 3. 排（蓄）水层 4. 细石混凝土保护层 5. 耐根刺卷材 6. 防水涂料防水层 7. 自防水混凝土顶板	DZF1-2

A.2 细部节点防水构造

A.2.1 使用自防水混凝土应连续浇筑，宜少留施工缝。当留置施工缝时，施工缝防水构造宜从图 A.2.1 中选择相应的做法，并应符合下列规定：

1 环境温度高于 30℃ 时，中埋式止水带应采用金属止水带。

2 采用中埋式止水带或预埋式注浆管时，应定位准确、固定牢靠。

3 自防水混凝土拆除模板后，待混凝土养护 14d 后可涂刷

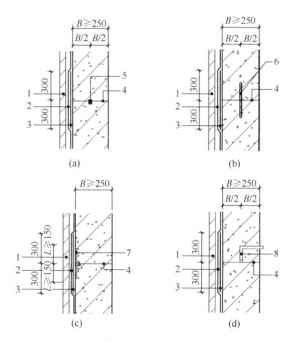

图 A.2.1 自防水混凝土系统施工缝防水构造做法
1—保护层；2—防水层；3—防水加强层；4—施工缝；5—遇水膨胀止水条（胶）；6—丁基橡胶腻子钢板止水带；7—外贴式止水带；8—预埋注浆管

防水加强层,防水加强层宽度不应小于300mm。

4 外设防水层和防水加强层可选用外涂型水泥基渗透结晶型防水材料或聚合物水泥防水涂料。

5 涂料加强层应做在混凝土迎水面,当采用单侧支模时,可在背水面采用外涂型水泥基渗透结晶型防水材料,厚度不应小于1.0mm。

A.2.2 后浇带防水构造应根据结构形式、可操作性及施工条件进行设计,后浇带的防水构造宜从图A.2.2中选择相对应的做法,并应符合下列规定:

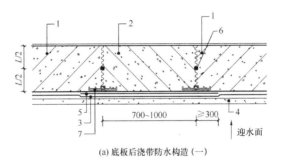

(a) 底板后浇带防水构造(一)

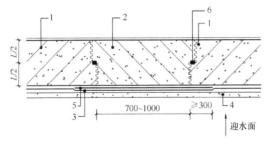

(b) 底板后浇带防水构造(二)

1—先浇自防水混凝土;2—后浇补偿收缩混凝土;3—防水层;4—混凝土垫层;5—防水加强层;6—遇水膨胀止水条(胶);7—外贴式止水带;8—中埋式止水带;9—钢板止水带;10—钢丝网片;11—填充密封材料;12—其他构造层

图A.2.2 自防水混凝土系统后浇带防水构造做法(一)

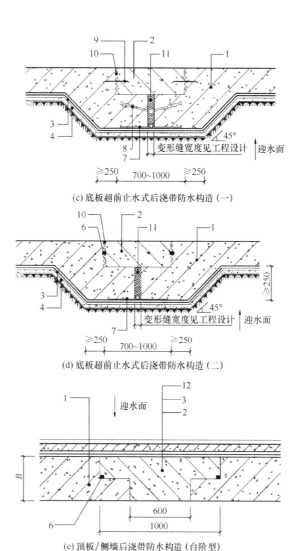

(c) 底板超前止水式后浇带防水构造（一）

(d) 底板超前止水式后浇带防水构造（二）

(e) 顶板/侧墙后浇带防水构造（台阶型）

1—先浇自防水混凝土；2—后浇补偿收缩混凝土；3—防水层；4—混凝土垫层；5—防水加强层；6—遇水膨胀止水条（胶）；7—外贴式止水带；8—中埋式止水带；9—钢板止水带；10—钢丝网片；11—填充密封材料；12—其他构造层

图 A.2.2　自防水混凝土系统后浇带防水构造做法（二）

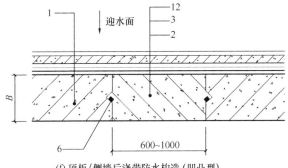

(f) 顶板/侧墙后浇带防水构造（凹凸型）

1—先浇自防水混凝土；2—后浇补偿收缩混凝土；3—防水层；4—混凝土垫层；5—防水加强层；6—遇水膨胀止水条（胶）；7—外贴式止水带；8—中埋式止水带；9—钢板止水带；10—钢丝网片；11—填充密封材料；12—其他构造层

图 A.2.2 自防水混凝土系统后浇带防水构造做法（三）

1 后浇带间距和位置应按结构设计要求确定，宽度宜为700mm～1000mm。

2 后浇带应采用补偿收缩混凝土浇筑，其抗渗性能和抗压强度等级应比两侧混凝土高一等级。

3 自防水混凝土结构断面内可采用丁基橡胶腻子钢板止水带、钢板止水带、预埋注浆管、遇水膨胀止水胶（条）等防水措施。

4 自防水混凝土结构迎水面可选用防水卷材、防水涂料等防水措施加强。防水卷材、防水涂料的宽度不应小于400mm，厚度应符合设计要求。

A.2.3 膨胀加强带的防水构造宜从图 A.2.3 中选择相对应的做法，并应符合下列规定：

1 膨胀加强带的两侧采用5mm密孔钢丝网，将带内混凝土与带外混凝土分开，同时为防止混凝土压坏钢丝网，用立筋$\phi 8@150$及水平筋$\phi 16@200$骨架加固。

2 膨胀加强带内底板（墙）中宜增设 $\phi 10@150$ 水平温度钢筋（垂直于加强带长度方向），两端宜各伸出膨胀带 1000mm，均匀布置并固定在上下层或内外层钢筋上。

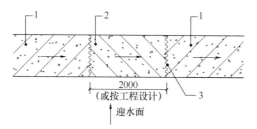

(a) 连续式膨胀加强带

1—自防水混凝土；2—补偿收缩混凝土；3—密孔钢丝网

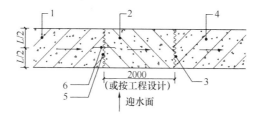

(b) 间歇式膨胀加强带

1—先浇自防水混凝土；2—补偿收缩混凝土；3—密孔钢丝网；
4—与膨胀加强带同时浇筑自防水混凝土；
5—施工缝；6—钢板止水带

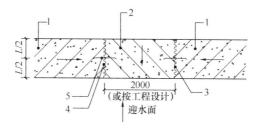

(c) 后浇式膨胀加强带

1—先浇自防水混凝土；2—后浇补偿收缩混凝土；
3—密孔钢丝网；4—施工缝；5—钢板止水带

图 A.2.3 自防水混凝土系统膨胀加强带防水构造选用做法

A.2.4 集水坑、电梯基坑、蓄水池等防水处理宜在垫层上方涂刷 1mm 厚的外涂型水泥基渗透结晶型防水材料，浇筑混凝土拆模后在坑槽内壁再涂刷一层外涂型水泥基渗透结晶型防水材料，外加 20mm 厚水泥砂浆保护层。

A.2.5 有防水要求的地下结构墙体应采用穿墙防水对拉螺栓，拆模时不应锤击螺杆端部，拆模后应采用加强防水措施将留下的凹槽封堵密实，穿墙螺栓部位防水构造如图 A.2.5 所示。

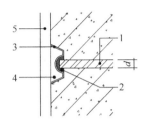

1—螺栓；2—钢筋涂防锈漆；3—渗透结晶防水涂料加强层；
4—防水砂浆封堵；5—防水层

图 A.2.5 穿墙螺栓部位防水构造

A.2.6 穿墙管道应加装防水套管，套管的安装应与绑扎钢筋同步进行，套管外应设置环形止水环，与套管壁焊接严实、无漏焊；翼环与套管应满焊密实，并应在施工前将套管内表面清理干净；相邻穿墙管间的间距应大于 700mm。宜在套管外侧焊两根短钢筋，方便用扎丝与钢筋网格捆绑，不应将套管与钢筋网格直接焊上；套管固定完成后，向套管内部填充泡沫塑料或聚乙烯材料，填满填实，防止水泥、砂浆等进入套管内部。穿墙管线较多时，宜相对集中。穿墙盒的封口钢板应与墙上的预埋角钢焊严，并应从钢板上的预留浇注孔注入柔性密封材料或细石混凝土。穿墙管道防水构造如图 A.2.6 所示。

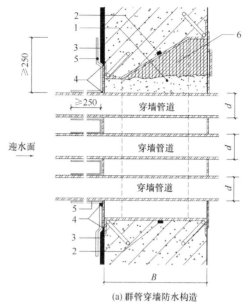

(a) 群管穿墙防水构造

1—自流平无收缩水泥砂浆灌浆；2—遇水膨胀止水条(胶)；
3—防水层；4—密封胶；5—防水加强层；6—填料

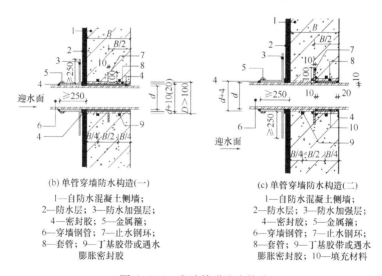

(b) 单管穿墙防水构造(一)
1—自防水混凝土侧墙；
2—防水层；3—防水加强层；
4—密封胶；5—金属箍；
6—穿墙钢管；7—止水钢环；
8—套管；9—丁基胶带或遇水
　　膨胀密封胶

(c) 单管穿墙防水构造(二)
1—自防水混凝土侧墙；
2—防水层；3—防水加强层；
4—密封胶；5—金属箍；
6—穿墙钢管；7—止水钢环；
8—套管；9—丁基胶带或遇水
　　膨胀密封胶；10—填充材料

图 A.2.6 穿墙管道防水构造

A.2.7 桩头防水处理应按设计要求将桩顶剔凿至混凝土密实处,并应清洗干净;破桩后如发现渗漏水,应及时采取堵漏措施。在桩头处及其周围不小于300mm范围内涂刷外涂型水泥基渗透结晶型防水材料,应连续、均匀,不应少涂或漏涂,并应及时进行养护。随后应在外涂型水泥基渗透结晶型防水材料上方做一层20mm厚砂浆防水加强层。桩头防水构造如图A.2.7所示。

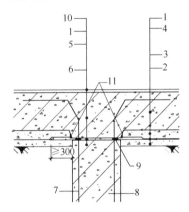

1—自防水混凝土底板;2—混凝土垫层;3—防水层;4—保护层(根据工程取舍);5—水泥基防水材料防水层;6—钢筋混凝土桩头;7—桩竖向钢筋;8—桩混凝土;9—遇水膨胀止水条(胶);10—面层(见具体工程设计);11—遇水膨胀止水条(胶)

图 A.2.7 桩头防水构造

附录 B 氧化镁类混凝土膨胀剂、钙镁复合类混凝土膨胀剂、温控型镁质抗裂剂的限制膨胀率试验方法

B.1 仪器设备

B.1.1 搅拌机、振实台、试模及下料漏斗应符合现行国家标准《水泥胶砂强度检验方法（ISO法）》GB/T 17671 的有关规定。

B.1.2 测量仪由千分表、支架和标准杆组成（图 B.1.2），千分表的分辨率为 0.001mm。

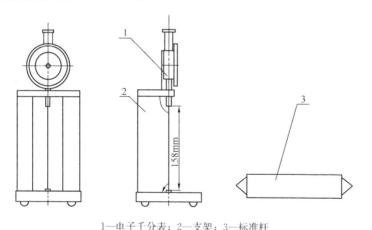

1—电子千分表；2—支架；3—标准杆
图 B.1.2 限制膨胀率测量仪（单位：mm）

B.1.3 纵向限制器应符合下列规定：

1 纵向限制器由纵向钢丝和钢板焊接而成（图 B.1.3）。

2 钢丝应采用现行国家标准《冷拉碳素弹簧钢丝》GB/T 4357 规定的 D 级弹簧钢丝，铜焊处拉脱强度不低于 785MPa。

3 纵向限制器不应变形，生产检验使用次数不应超过 5 次，仲裁检验不应超过 1 次。

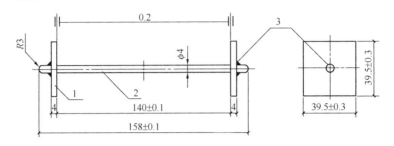

1—钢板；2—钢丝；3—铜焊处
图 B.1.3 纵向限制器（单位：mm）

B.2 试验室温度、湿度

B.2.1 试验室、养护箱、养护水的温度、湿度应符合现行国家标准《水泥胶砂强度检验方法(ISO法)》GB/T 17671 的有关规定，高温养护箱温度范围为 20℃～100℃，测量精度为 1℃。

B.2.2 每日应检查、记录湿度、温度变化情况。

B.3 试件制备

B.3.1 试验所用基准水泥应符合现行国家标准《混凝土外加剂》GB 8076 的有关规定；标准砂应符合现行国家标准《水泥胶砂强度检验方法(ISO法)》GB/T 17671 的有关规定。

B.3.2 胶砂限制膨胀率测定用试件的材料用量应符合表 B.3.2 的规定。

表 B.3.2 限制膨胀率试验材料及用量（g）

基准水泥	外加剂	ISO 标准砂	水
607.5±2.0	67.5±0.5	1350±5.0	270±1.0

B.3.3 试验成型试件全长 158mm，其中胶砂部分尺寸为 40mm×40mm×140mm。同一条件应有 3 条试件供测量限制膨胀率，按

照测试要求决定成型试件数量。

B.3.4 水泥胶砂搅拌和试件成型应按现行国家标准《水泥胶砂强度检验方法（ISO法）》GB/T 17671的有关规定进行。制备限制膨胀率测量试件时，应预先将纵向限制器放置在模具内。

B.3.5 试件成型后，带模在温度为20℃±2℃、湿度为60%±5%的养护箱中养护至拆模龄期，脱模时间以按照本规程第B.3.2条规定成型的水泥胶砂试件的抗压强度达到10MPa±2MPa的时间确定。

B.3.6 试件测量前3h，将测量仪、标准杆放在标准实验室内，用标准杆校正测量仪并调整千分表零点。测量前，将试件及测量仪测头擦净。每次测量时，试件记有标志的一面与测量仪的相对位置应一致，纵向限制器测头与测量仪测头应正确接触，读数应精确至0.001mm。不同龄期的试件应在规定时间±1h内测量。

B.3.7 试件脱模后应在1h内测量试件的初始长度，并记录。

B.3.8 测量完初始长度的试件应立即分别放入20℃、40℃、60℃的恒温养护水槽内的水中进行恒温水养护，到测试龄期后取出放入标准养护室（温度：20℃±1℃、相对湿度：大于95%）中自然冷却至室温，其中冷却时间不小于6h，不可浇水急冷，不可堆垛。

B.3.9 冷却过后的试件在标准干养室（温度：20℃±1℃、相对湿度：60%±5%）中测量长度，测试完立即放回原养护温度水中继续养护至下一测试龄期。养护时，应注意不损伤试件测头。试件之间应保持15mm以上间隔，试件支点距限制钢板两端约30mm。

B.4 结果计算

B.4.1 各龄期限制膨胀率按下式计算：

$$\varepsilon = \frac{l_1 - l}{l_0} \times 100 \tag{B.4.1}$$

式中：ε——所测龄期的限制膨胀率（%）；

l_1——所测龄期的试件长度测量值（mm）；

l——试件的初始长度测量值（mm）；

l_0——试件的基准长度（mm），140mm。

B.4.2 取相近的 2 个试件测定值的平均值作为限制膨胀率的测量结果，计算值精确至 0.001%。

附录 C 自防水混凝土限制膨胀率试验方法

C.0.1 本方法适用于工程结构最小截面尺寸大于 500mm 时，人工测定自防水混凝土的限制膨胀率。

C.0.2 试验用仪器应符合下列规定：

1 测量仪应由千分表、支架和标准杆组成（图 C.0.2-1），千分表分辨率应为 0.001mm。

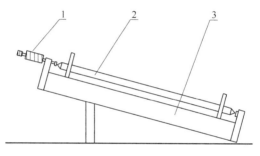

1—电子千分表；2—标准杆；3—支架
图 C.0.2-1 测量仪

2 纵向限制器应符合下列规定：

1）纵向限制器应由纵向限制钢筋与钢板焊接制成（图 C.0.2-2）。

2）纵向限制钢筋应采用直径为 10mm、横截面面积为 78.58mm² 的钢筋，且应符合现行国家标准《钢筋混凝土用钢 第 2 部分：热轧带肋钢筋》GB/T 1499.2 的有关规定。钢筋两侧应焊接 12mm 厚的钢板，材质应符合现行国家标准《碳素结构钢》GB/T 700 的有关规定，钢筋两端点各 7.5mm 范围内为黄铜或不锈钢，测头呈球面状，半径为 7mm。钢板与钢筋焊接处的焊接强度不应低于260MPa。

3）纵向限制器不应变形，一般检验可重复使用3次，仲裁检验只允许使用1次。

4）纵向限制器的配筋率为0.79%。

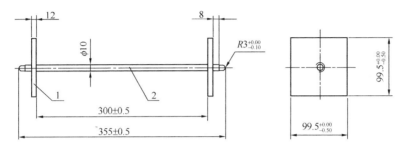

1—端板；2—钢筋

图C.0.2-2 纵向限制器（单位：mm）

C.0.3 试验室温度应符合下列规定：

1 用于混凝土试件成型的试验室的温度应为20℃±5℃，相对湿度不应小于60%。

2 用于混凝土试件测量的试验室的温度应为20℃±2℃，相对湿度应为60%±5%。

3 用于养护混凝土试件的恒温水槽的温度应为40℃±2℃。

4 每日应检查、记录温度变化情况。

C.0.4 试件制作应符合下列规定：

1 用于成型试件的试模宽度和高度均应为100mm，长度应大于360mm。

2 每组限制膨胀率试件应成型3块，试件全长应为355mm，其中混凝土部分尺寸应为100mm×100mm×300mm。

3 首先应把纵向限制器具放入试模中，然后将混凝土一次装入试模，把试模放在振动台上振动至表面呈现水泥浆，不泛气泡为止，刮去多余的混凝土并抹平；然后应把试件置于温度20℃±2℃、相对湿度大于95%的标准养护室内养护，试件表面应用塑料布或湿布覆盖。

4 试件应在混凝土抗压强度达到 3MPa～5MPa 时立即脱模，一般为成型后 12h～16h。

C.0.5 试件测长和养护应符合下列规定：

1 测长前 3h，应将测量仪、标准杆放在标准试验室内，用标准杆校正测量仪并调整千分表零点。测量前，应将试件及测量仪测头擦净。每次测量时，试件记有标志的一面与测量仪的相对位置一致，纵向限制器的测头与测量仪的测头应正确接触，读数应精确至 0.001mm。不同龄期的试件应在规定时间±1h 内测量。试件脱模后应在 1h 内测量试件的初始长度。测量完初始长度的试件应立即放入温度 40℃±2℃的恒温水槽中养护。到达规定龄期后，应将试件从恒温水槽中取出，放入温度 20℃±2℃、相对湿度大于 95%的标准养护室中自然冷却 6h，不应堆垛放置。冷却后的试件应移至温度 20℃±2℃、相对湿度 60%±5%的试验室进行测长。测长的龄期从成型日算起，宜测量 7d、14d 和 28d 的长度变化，也可根据需要安排调整龄期。每个龄期测长完成后应立即放回温度 40℃±2℃的恒温水槽中，继续养护至下一龄期。

2 养护时，不应损伤试件测头。试件之间应保持 25mm 以上间隔，试件支点距限制钢板两端宜为 30mm。

C.0.6 各龄期的限制膨胀率按下式计算，应取相近的 2 个试件测定值的平均值作为限制膨胀率的测量结果，计算值应精确至 0.001%：

$$\xi = \frac{L_1 - L}{L_0} \times 100 \quad (C.0.6)$$

式中：ξ——所测龄期的混凝土限制膨胀率（%）；

L_1——所测龄期的混凝土试件长度测量值（mm）；

L——混凝土试件初始长度测量值（mm）；

L_0——混凝土试件基准长度（mm），取为 300mm。

附录 D 混凝土绝热温升降低率试验方法

D.0.1 本试验方法可用于在绝热条件下，混凝土在水化过程中温度变化的测定。

D.0.2 绝热温升的试验设备应符合下列规定：

1 绝热温升试验装置应符合现行行业标准《混凝土热物理参数测定仪》JG/T 329 的有关规定（图 D.0.2）。

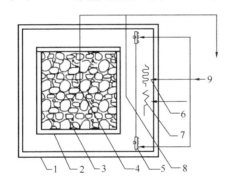

1—绝热试验箱；2—试样容器；3—混凝土试样；
4、8—温度传感器；5—风扇；6—制冷器；7—制热器；
9—温度控制记录仪

图 D.0.2 绝热温升试验装置

2 温度控制记录仪的测量范围应为 0℃～100℃，精度不应低于 0.05℃。

3 试验容器宜采用钢板制成，顶盖宜具有橡胶密封圈，容器尺寸应大于骨料最大公称粒径的 3 倍。

4 捣棒应符合现行行业标准《混凝土坍落度仪》JG/T 248 的有关规定。

D.0.3 绝热温升试验应按下列步骤进行：

1 绝热温升试验装置应进行绝热性检验，即试验容器内装与绝热温升试验试样体积相同的水，水温分别为40℃和60℃左右，在绝热温度跟踪状态下运行72h，试样桶内水的温度变动值不应超过±0.05℃。试验时，绝热试验箱内空气的平均温度与试样中心温度的差值应保持在±0.1℃。超出±0.1℃时，应对仪器进行调整，重复试验装置绝热性检验试验，直至符合要求。

2 试验前24h应将混凝土搅拌用原材料，放在20℃±2℃的室内，使其温度与室温一致。

3 应将混凝土拌合物分两层装入试验容器中，每层捣实后高度约为容器高度的1/2；每层装料后由边缘向中心均匀插捣25次，捣棒应插透本层至下一层的表面；每一层捣完后用橡皮锤沿容器外壁敲击5次～10次，进行振实，直至拌合物表面插捣孔消失；在容器中心埋入一根测温管，测温管中应盛入少许变压器油，然后盖上容器上盖，保持密封。

4 将试样容器放入绝热试验箱体内，温度传感器应装入测温管中，测得混凝土拌合物初始温度，混凝土拌合物初始温度应控制在30℃±2℃。

5 开始试验，控制绝热室温度与试样中心温度相差应保持在±0.1℃；试验开始后应每0.5h记录一次试样中心温度，历时24h后每1h记录一次，7d后可每3h～6h记录一次；试验历时7d后可结束，也可根据需要确定试验周期。

6 试样从搅拌、装料到开始测读温度，应在30min内完成。

D.0.4 结果计算

混凝土绝热温升值应按下式计算：

$$\theta_n = \alpha \times (\theta'_n - \theta_0) \quad \text{(D.0.4-1)}$$

式中：θ_n——n天龄期混凝土绝热温升值（℃）；

α——试验设备绝热温升修正系数，应大于1，由设备厂家提供；

θ'_n——仪器记录的n天龄期混凝土的温度（℃）；

θ_0——仪器记录的混凝土拌合物的初始温度（℃）。

混凝土绝热温升降低率应按下式计算：

$$\gamma_n = \frac{\theta_{0n} - \theta'_{1n}}{\theta_{0n}} \times 100\% \qquad (D.0.4\text{-}2)$$

式中：γ_n——n 天混凝土绝热温升降低率；

θ'_{1n}——受检混凝土 n 天的绝热温升值（℃）；

θ_{0n}——基准混凝土 n 天的绝热温升值（℃）。

本规程用词说明

1 为便于在执行本规程条文时区别对待，对要求严格程度不同的用词说明如下：

1）表示很严格，非这样做不可的：
正面词采用"必须"，反面词采用"严禁"；

2）表示严格，在正常情况下均应这样做的：
正面词采用"应"，反面词采用"不应"或"不得"；

3）表示允许稍有选择，在条件许可时首先应这样做的：
正面词采用"宜"，反面词采用"不宜"；

4）表示有选择，在一定条件下可以这样做的，采用"可"。

2 条文中指明应按其他有关标准执行的写法为"应符合……的规定"或"应按……执行"。

引用标准名录

1 《混凝土结构设计规范》GB 50010
2 《普通混凝土拌合物性能试验方法标准》GB/T 50080
3 《混凝土物理力学性能试验方法标准》GB/T 50081
4 《普通混凝土长期性能和耐久性能试验方法标准》GB/T 50082
5 《混凝土强度检验评定标准》GB/T 50107
6 《混凝土外加剂应用技术规范》GB 50119
7 《混凝土质量控制标准》GB 50164
8 《混凝土结构工程施工质量验收规范》GB 50204
9 《地下防水工程质量验收规范》GB 50208
10 《混凝土结构耐久性设计标准》GB/T 50476
11 《大体积混凝土施工标准》GB 50496
12 《混凝土结构工程施工规范》GB 50666
13 《混凝土结构通用规范》GB 55008
14 《建筑与市政工程防水通用规范》GB 55030
15 《通用硅酸盐水泥》GB 175
16 《水泥化学分析方法》GB/T 176
17 《中热硅酸盐水泥、低热硅酸盐水泥》GB/T 200
18 《碳素结构钢》GB/T 700
19 《水泥细度检验方法 筛析法》GB/T 1345
20 《水泥标准稠度用水量、凝结时间、安定性检验方法》GB/T 1346
21 《钢筋混凝土用钢 第 2 部分：热轧带肋钢筋》GB/T 1499.2
22 《用于水泥和混凝土中的粉煤灰》GB/T 1596

23	《冷拉碳素弹簧钢丝》	GB/T 4357
24	《建筑材料放射性核素限量》	GB 6566
25	《水泥比表面积测定方法　勃氏法》	GB/T 8074
26	《混凝土外加剂》	GB 8076
27	《混凝土外加剂匀质性试验方法》	GB/T 8077
28	《建筑施工机械与设备　混凝土搅拌站（楼）》	GB/T 10171
29	《聚氯乙烯（PVC）防水卷材》	GB 12952
30	《氯化聚乙烯防水卷材》	GB 12953
31	《预拌混凝土》	GB/T 14902
32	《水泥胶砂强度检验方法（ISO法）》	GB/T 17671
33	《用于水泥、砂浆和混凝土中的粒化高炉矿渣粉》	GB/T 18046
34	《高分子防水材料　第1部分：片材》	GB/T 18173.1
35	《弹性体改性沥青防水卷材》	GB 18242
36	《塑性体改性沥青防水卷材》	GB 18243
37	《水泥基渗透结晶型防水材料》	GB 18445
38	《改性沥青聚乙烯胎防水卷材》	GB 18967
39	《聚氨酯防水涂料》	GB/T 19250
40	《水泥混凝土和砂浆用合成纤维》	GB/T 21120
41	《混凝土膨胀剂》	GB/T 23439
42	《自粘聚合物改性沥青防水卷材》	GB 23441
43	《聚合物水泥防水涂料》	GB/T 23445
44	《喷涂聚脲防水涂料》	GB/T 23446
45	《预铺防水卷材》	GB/T 23457
46	《高分子增强复合防水片材》	GB/T 26518
47	《热塑性聚烯烃（TPO）防水卷材》	GB 27789
48	《混凝土防腐阻锈剂》	GB/T 31296
49	《湿铺防水卷材》	GB/T 35467
50	《混凝土用钢纤维》	GB/T 39147

51	《矿物掺合料应用技术规范》	GB/T 51003
52	《普通混凝土用砂、石质量及检验方法标准》	JGJ 52
53	《普通混凝土配合比设计规程》	JGJ 55
54	《混凝土用水标准》	JGJ 63
55	《建筑工程冬期施工规程》	JGJ/T 104
56	《补偿收缩混凝土应用技术规程》	JGJ/T 178
57	《钢筋阻锈剂应用技术规程》	JGJ/T 192
58	《混凝土耐久性检验评定标准》	JGJ/T 193
59	《人工砂混凝土应用技术规程》	JGJ/T 241
60	《建筑工程裂缝防治技术规程》	JGJ/T 317
61	《超长混凝土结构无缝施工标准》	JGJ/T 492
62	《砂浆、混凝土防水剂》	JC/T 474
63	《混凝土防冻剂》	JC/T 475
64	《聚合物水泥防水砂浆》	JC/T 984
65	《混凝土抗侵蚀防腐剂》	JC/T 1011
66	《喷涂橡胶沥青防水涂料》	JC/T 2317
67	《非固化橡胶沥青防水涂料》	JC/T 2428
68	《混凝土水化温升抑制剂》	JC/T 2608
69	《地下工程混凝土结构自防水技术规范》	JC/T 60014
70	《聚羧酸系高性能减水剂》	JG/T 223
71	《混凝土坍落度仪》	JG/T 248
72	《混凝土热物理参数测定仪》	JG/T 329
73	《混凝土防冻泵送剂》	JG/T 377
74	《水工混凝土掺用氧化镁技术规范》	DL/T 5296
75	《高性能混凝土应用技术规程》	DB 37/T 5150

山东省工程建设标准

自防水混凝土应用技术规程

DB 37/T 5058-2024

条 文 说 明

目 次

1 总则 ·· 61
2 术语和符号 ·· 63
  2.1 术语 ··· 63
3 基本规定 ·· 64
4 原材料 ·· 66
  4.1 水泥 ··· 66
  4.2 骨料 ··· 66
  4.3 矿物掺合料 ··· 67
  4.4 外加剂 ·· 67
  4.6 其他材料 ·· 70
5 混凝土性能 ·· 71
  5.3 抗裂防水性能 ·· 71
  5.4 长期性能与耐久性能 ·· 74
6 设计 ·· 75
  6.1 一般规定 ·· 75
  6.2 配合比设计 ··· 75
  6.3 防裂设计 ·· 76
  6.4 防水构造设计 ·· 76
7 混凝土生产与施工 ··· 78
  7.2 计量 ··· 78
  7.3 生产与运输 ··· 78
  7.4 浇筑与养护 ··· 79
8 质量检验与验收 ··· 82
  8.1 原材料质量检验 ·· 82
  8.2 自防水混凝土性能检验 ····································· 82
  8.3 自防水混凝土工程评价与验收 ···························· 82

1 总　　则

1.0.1 本条规定了制定本规程的目的。《微膨胀混凝土防水技术应用规程》DBJ 14-BM2-94 实施以来，先后已进行了三次修订，现行山东省工程建设标准《微膨胀防水混凝土应用技术规程》DB 37/T 5058-2016 自实施以来，微膨胀混凝土防水技术在山东省乃至全国得到了普遍应用。但随着相关建筑材料（高性能混凝土、氧化镁类混凝土膨胀剂、水化温升抑制剂、纤维增强抗裂材料、防腐抗侵蚀材料等）及工程技术的不断发展，原规程部分技术内容已不再适用或制约着科技新成果的推广应用，加之相关建筑材料及应用规程的陆续修订，各标准间的相互衔接和相容性需要重新评估，迫切需要对该规程进行修订。

混凝土外加剂的技术不断创新和发展，尤其是高效、高性能混凝土减水剂的使用，现代混凝土的抗水渗性能已然不再是防水混凝土的薄弱环节，防水混凝土的抗裂性能就越发凸显出重要性。混凝土可以通过掺加膨胀剂、水化温升抑制剂、防裂抗渗复合材料、水泥基渗透结晶型防水剂等抗裂防水功能型材料来改善混凝土孔结构、密实度及开裂敏感性，同时采取配合比调整、加强施工及养护等一些技术手段实现防水混凝土少裂或不裂的效果，从而达到结构自防水的目的。

目前国内自防水混凝土存在微膨胀、微晶自愈、纤维改性等几类技术措施，"微膨胀混凝土"无法包含现有防水混凝土的主流技术，本规程补充了自防水混凝土应用技术中其他成熟有效的规范化内容，并把名称变更为《自防水混凝土应用技术规程》，以覆盖现行先进的技术手段。

1.0.3 符合国家、行业、山东省现行有关标准的规定是自防水混凝土应用技术的基本要求。同时，为了支持创新，鼓励创新成果在建设工程中应用，创新性的技术方法和措施，应进行论证并符合本规程中有关性能的规定。当拟采用的新技术在工程建设强制性规范或推荐性标准中没有有关规定时，应当对拟采用的工程技术或措施进行论证，确保建设工程达到工程建设强制性规范规定的工程性能要求，确保建设工程质量和安全，并应符合国家对建设工程环境保护、卫生健康、经济社会管理、能源资源节约与合理利用等相关基本要求。

2 术语和符号

2.1 术　语

2.1.1 本条为修订条文，修订内容为将术语"微膨胀防水混凝土"更换为"自防水混凝土"。混凝土裂缝会导致混凝土整体结构的防水性能被破坏，大量工程实践证明，做好混凝土结构自防水的前提是减少或避免混凝土结构开裂。大部分混凝土开裂是由于各种收缩导致的，掺加功能型外加剂能使混凝土密实性增加或具备微膨胀性能，从而提高抗裂防水作用。为提高防水工程的整体质量，自防水混凝土还应使用具有优异的拌合物性能、力学性能、耐久性能和长期性能的高性能混凝土。

2.1.2 本条文为新增条文，给出了自防水混凝土系统包含的主要技术内容。混凝土结构自防水技术是根据结构特点采取相应的技术，如结构构造形式、优化配筋等结构防裂技术，掺加功能型外加剂等材料、混凝土原材料质量控制和配合比优化，变形缝、施工缝等细部节点密封等，形成一种以主体结构采用自防水混凝土、同时增设必要外设防水层的整体防水技术体系。

3 基 本 规 定

3.0.3 本条为修订条文，修订内容为：增加了氧化钙类混凝土膨胀剂和氧化镁类混凝土膨胀剂限制使用的条件。不同种类膨胀剂由于反应机理和膨胀性能有一定的差异，其适用条件也不同，在一些条件下某些种类膨胀剂的膨胀性能得不到有效发挥，甚至对混凝土其他性能造成负面影响。

1 《混凝土膨胀剂》GB/T 23439-2017 及其第 1 号修改单中规定了钙类膨胀剂的适用范围。由于在蒸压或 80℃ 以上高温环境下（因钙矾石 80℃ 以上逐步脱水）会对含硫铝酸钙类、硫铝酸钙-氧化钙类等以钙矾石为膨胀源的胶凝材料中钙矾石晶体的生成或稳定造成不利影响，因而，自防水混凝土不宜用于环境温度长期处于 80℃ 以上的工程中；干燥气候对自防水混凝土中钙矾石晶体的生成有较大影响，因而，以钙矾石为膨胀源的自防水混凝土不宜用于干燥环境的工程（干湿气候的等级、划分指标和计算方法应按照现行国家标准《干湿气候等级》GB/T 34307 的有关规定进行）。

2 因氧化钙类膨胀剂游离氧化钙含量较高，在超过 40℃ 的环境下会加快混凝土的水化发热速率，使混凝土的温峰值明显提高，对混凝土抗裂性产生负面作用，故氧化钙类混凝土膨胀剂不应用于混凝土胶凝材料水化温升导致结构内部温度超过 40℃ 的环境。

3 温度对氧化镁类混凝土膨胀剂的性能发挥会产生至关重要的影响，20℃ 及以下环境氧化镁类混凝土膨胀剂的水化反应较为缓慢，当因各种原因使混凝土构件中心温峰值在 20℃ 以下时，一方面该条件下混凝土的温降收缩较小，同时构件内部较低的温度也不利于氧化镁类混凝土膨胀剂性能的发挥；对于冬期施工的最小尺寸小于 150mm 的薄墙、薄板构件，构件内部温度会更快降为较低的环境温度，不利于氧化镁类混凝土膨胀剂的性能发挥。故在这两种情况下不建议使用氧化镁类混凝土膨胀剂。

4 原 材 料

4.1 水 泥

4.1.1 本条为修订条文，修订内容为：宜选用的水泥品种增加了硅酸盐水泥；增加了对水泥水化热的控制指标，控制指标引用自国家标准《高性能混凝土技术条件》GB/T 41054-2021中对一般水泥的规定。现行国家标准《中热硅酸盐水泥、低热硅酸盐水泥》GB/T 200中规定，大体积混凝土宜采用中热硅酸盐水泥或低热硅酸盐水泥。

4.1.2 低热微膨胀水泥应符合现行国家标准《低热微膨胀水泥》GB/T 2938的有关规定，明矾石膨胀水泥应符合现行行业标准《明矾石膨胀水泥》JC/T 311的有关规定，自应力硫铝酸盐水泥混凝土应符合现行国家标准《硫铝酸盐水泥》GB/T 20472的有关规定，自应力铁铝酸盐水泥应符合现行行业标准《自应力铁铝酸盐水泥》JC/T 437的有关规定，以上四种水泥水化后具备一定的微膨胀效果，制备的混凝土即可达到相应膨胀效果，一般不再掺加膨胀剂。

4.2 骨 料

4.2.1 本条为修订条文，修订了对粗骨料最大粒径的规定，新增了对坚固性指标的规定。较大粒径的粗骨料有利于减少混凝土的干缩。骨料杂质的含量越高，对混凝土性能、钙矾石的形成、膨胀效果的发挥危害性越大，因而，在本条和第4.2.2条对粗、细骨料的含泥量和泥块含量作了限值规定。其中对粗骨料最大粒径的控制指标引用自国家标准《混凝土结构工程施工规范》GB 50666-2011；对粗骨料质量的控制指标引用自国家标准《混凝土结构通用规范》GB 55008-2021中应用于抗渗混凝土中的规定。

4.2.2 配制自防水混凝土关键是保证拌合物有良好的和易性，故要求骨料有较好的颗粒级配和清洁性，细骨料宜选用中砂。其中对细骨料质量的控制指标引用自国家标准《混凝土结构通用规范》GB 55008-2021中应用于抗渗混凝土中的规定。

4.3 矿物掺合料

4.3.1 本条为修订条文，修订内容为：将对粉煤灰的规定列为第4.3.1条。低品质的粉煤灰和矿粉会明显降低自防水混凝土的抗裂防水性能、强度和抗冻、抗渗性能，因而，对粉煤灰、矿粉等掺合料的质量作出了规定；当采用C类粉煤灰时，因氧化钙含量较高易造成安定性不良，故应进行安定性检测，合格后方可使用。

4.3.2 本条为修订条文，修订内容为：将对矿粉的规定列为第4.3.2条。

4.3.4 对于居住和公共场所等民用建筑工程，为保证人身健康安全，应检测矿物掺合料的放射性，放射性应符合现行国家标准《建筑材料放射性核素限量》GB 6566的有关规定。

4.4 外 加 剂

4.4.1 本条规定了膨胀剂、水化温升抑制剂、混凝土防腐剂等外加剂一般的要求，这些外加剂是提高自防水混凝土抗裂、抗渗和耐久性的关键材料。对于减水剂、引气剂、早强剂、防冻剂等其他种类的外加剂，应符合现行国家标准《混凝土外加剂》GB 8076、《混凝土外加剂应用技术规范》GB 50119及其他相关现行标准的规定。

4.4.2 本条文为新增条文，规定了不同种类膨胀剂的指标和使用要求。膨胀剂在水化过程中生成的膨胀性结晶水化产物能够有效填充混凝土的孔隙，减少有害孔的数量，从而增加混凝土的密实性。此外掺加膨胀剂的混凝土在养护期间能够产生0.2MPa～

0.8MPa的化学预应力，可以抵消混凝土在干燥收缩过程中产生的拉应力，提高混凝土的抗裂能力。膨胀剂依据膨胀源主要可以分为四类：硫铝酸钙类、氧化钙类、硫铝酸钙-氧化钙类和氧化镁类，不同膨胀源的水化与膨胀特性各不相同。硫铝酸钙类膨胀剂水化反应产物为钙矾石，其早期水化需水量较大，前期需保湿养护；氧化钙类膨胀剂水化反应产物为氢氧化钙，水化需水量相对较小，但其放热量很高；氧化镁类混凝土膨胀剂水化产物为氢氧化镁，水化需水量较少，水化产物相对于氧化钙膨胀剂稳定性较好。

1 20世纪90年代初，中国建材研究总院推广应用硫铝酸钙膨胀剂，通过不同煅烧温度烧制出不同程度过烧的石灰，可以得到不同的膨胀期和膨胀速率；后又开发出氧化钙-硫铝酸盐类"双膨胀源"的膨胀剂，其中CaO水化的膨胀可产生更大的膨胀能，并缓解钙矾石对高需水量的需求，对减少混凝土开裂具有明显效果。产品在山东大厦、邮电大厦、财税大厦、政务大厦、泉城广场、华能大厦等大型工程应用，均产生了较好的综合效益。

2 采用轻烧氧化镁技术煅烧的氧化镁类混凝土膨胀剂具有比氧化钙质膨胀剂更慢的反应速率，氧化镁类混凝土膨胀剂源自外掺氧化镁混凝土筑坝技术，经过多年的基础理论和工程应用研究，通过进行大量的不同养护温度、不同氧化镁类混凝土膨胀剂掺量的补偿收缩砂浆的限制膨胀率、强度和凝结时间的平行试验，为确定氧化镁类混凝土膨胀剂产品的各项技术指标提供依据，并已全面掌握外掺氧化镁混凝土的物理力学性能及长期膨胀变形规律，在膨胀机理、变形性能、应力补偿理论、施工措施、均匀性控制及安定性试验方法等方面已形成完整的理论体系，已在我国众多不同类型工程的不同部位得到应用。氧化镁类混凝土膨胀剂的膨胀能来自$Mg(OH)_2$晶体吸水肿胀力和结晶生长压力，掺入混凝土后，其在20℃水中养护条件下膨胀反应周期可以达到90d以上，即使在40℃条件下膨胀周期也可以达到30d左右，可使混凝土具备一定长龄期持续膨胀的特性。氧化镁类混凝土膨胀剂膨胀性能的可调控,是通过煅烧温度和保温时间的调整,控制氧化镁的活性,进而调控其膨胀性能。调整氧化镁的活性指标,还可以控制其在不同温度下水化反应的规律,可根据不同的混凝土结构尺寸、浇筑温度、服役环境、施工周期等,设计不同掺量和活性的氧化镁类混凝土膨胀剂,可实现不同工况条件下的产品膨胀和混凝土收缩全周期的协调补偿。氧化镁类混凝土膨胀剂采用专用的回转窑工艺煅烧,与立窑煅烧工艺相比,不会出现煅烧不均匀、欠烧或过烧现象,产品匀质性高、膨胀性能稳定。在混凝土碱性环境中,氧化镁类混凝土膨胀剂的水化产物稳定,溶解度极小,分解温度高达350℃,适用于高温、流水冲刷等各类工况环境。

3 钙镁复合类混凝土膨胀剂是由特定活性氧化镁和硫铝酸钙-氧化钙膨胀剂按一定比例复合而成,能够综合氧化镁类混凝土膨胀剂和硫铝酸钙-氧化钙膨胀剂的优势,硫铝酸钙-氧化钙膨胀剂在结构混凝土温升阶段产生较大的膨胀变形,可补偿混凝土的自收缩等早期收缩变形,并在混凝土中储存预压应力;同时,利用特定水化活性值氧化镁膨胀材料的延迟膨胀特性,补偿结构混凝土的温降收缩和后期干燥收缩,从而实现分阶段、全过程补偿此类结构混凝土的收缩变形。钙镁复合类混凝土膨胀剂在温降时可产生膨胀变形,有效补偿了混凝土的温降收缩。

4 混凝土开裂问题尤其是早期开裂问题较为突出,在早期温降收缩和自收缩相互叠加,是引起大体积、超长薄壁结构混凝土和高强混凝土开裂的主要原因,温控型镁质抗裂剂不仅起到补偿混凝土收缩的作用,还能降低混凝土的温升及温降收缩。

4.4.3 本条文为新增条文,对于腐蚀性地质,结构自防水应有专项耐久性设计和抗渗要求,在自防水混凝土中掺加防腐剂、混凝土阻锈剂、混凝土防腐阻锈剂等防腐阻锈类外加剂是提高混凝土耐久性的有效途径。

4.4.4 本条文为新增条文,水化温升抑制剂是近年兴起的一种外加剂,它能够抑制水泥水化放热速率,降低混凝土温升峰值,显著提高混凝土的抗裂性和抗渗性。水化温升抑制剂可以和混凝土膨胀剂、混凝土用膨胀型矿物掺合料联合使用，达到对温度裂缝和干燥收缩裂缝联合控制的目的。

4.6 其他材料

4.6.1 自防水混凝土要起到防水作用，除混凝土本身具有较高的密实性、抗渗性以外，还要求混凝土具备良好的抗裂性。为了防止或减少混凝土裂缝的产生，在配制混凝土时加入一定量的纤维，可有效提高混凝土的抗裂性，近年来的工程实践已证明了这一点。可用于自防水混凝土的合成纤维种类很多，如聚丙烯腈纤维、聚丙烯纤维、聚酰胺纤维或聚乙烯醇纤维等，故条文中增加了"纤维的品种及掺量应经过试验确定"这一使用条件。应该注意的是，玻璃纤维不能用于自防水混凝土中，原因是玻璃纤维很快会被混凝土中的氢氧化钙腐蚀，不仅丧失增强作用，反应之后残留的纤维空洞还会降低混凝土的密实性，增加渗漏水的可能性。

4.6.2 本条文为新增条文，行业标准《地下工程混凝土结构自防水技术规范》JC/T 60014-2022 规定了防裂抗渗复合材料的性能指标。

5 混凝土性能

5.3 抗裂防水性能

5.3.1 本条文为新增条文，对于不同结构尺寸和部位、不同强度等级、不同水化温升的混凝土而言，其对抗裂需求各不相同，在对防水混凝土抗裂性能进行设计时，需要予以综合考虑。对于结构最小截面尺寸不大于 250mm 的混凝土结构，可以采用单位面积上的总开裂面积或是 60d 干缩率进行抗裂评价，此种情况下，可以选择纤维类材料作为有效的裂缝控制措施。对于结构最小截面尺寸大于 250mm 且不大于 500mm 的混凝土结构，由于其结构体积变大，需要综合考虑混凝土强度等级，对于强度等级小于 C40 的混凝土，其水化温升较低，抗裂方面不重点考虑温度的影响，主要从混凝土收缩的角度去考虑，可以考虑选择补偿收缩混凝土或减缩类材料；对于强度等级不小于 C40 的混凝土，就需要同时控制混凝土的水化温升和混凝土收缩，可以考虑选择补偿收缩混凝土、减缩类材料或水化温升抑制材料。对于结构最小截面尺寸大于 500mm 的混凝土结构，需要同时考虑水化温升和混凝土收缩。需要注意的是，同等材料下，对于强度等级越高的混凝土，其水化温升也会越高，混凝土开裂风险也会越大，因此选择抗裂指标时，也应该根据工程情况进行考虑。

5.3.2 本条文为新增条文，利用混凝土膨胀剂配制的补偿收缩混凝土作为防水混凝土裂渗控制最经济的技术手段之一，近年来得到了大量的工程应用，取得了丰富的工程经验。膨胀剂依据膨胀源可以分为三类：硫铝酸钙类、氧化钙类和氧化镁类，不同膨胀源其水化与膨胀特性各不相同。硫铝酸钙类膨胀剂水化反应产物为钙矾石，早期水化需水量较大，前期需保湿养护；氧化钙类膨胀剂水化反应产物为氢氧化钙，水化需水量相对较小，但其放热量很高；氧化镁类混凝土膨胀剂水化产物为氢氧化镁，可以补偿混凝土后期收缩，水化需水量较少，水化产物相对于钙质膨胀剂稳定性较好。

不同膨胀对应的反应速率也不相同。对于钙类膨胀剂而言，其20℃水化反应1d可以达到80%以上，7d水中养护条件下基本反应完，其反应大部分处于混凝土塑性阶段，为无效膨胀，并且随着养护温度的升高，其反应速率更快，40℃条件下，3d左右基本反应完成，而对于混凝土而言，在该周期内，混凝土往往处于升温阶段或者降温阶段初期，无法有效补偿混凝土降温阶段的收缩和后期干燥收缩，因此，钙类膨胀剂适用于胶凝材料水化温升导致混凝土内部温度不超过40℃的环境。

对于氧化镁类混凝土膨胀剂而言，其采用轻烧氧化镁技术煅烧的氧化镁类混凝土膨胀剂具有比钙质膨胀剂更慢的反应速率，其在20℃水中养护条件下膨胀反应周期可以达到90d以上，即使在40℃条件下膨胀周期也可以达到30d左右，并且氧化镁类混凝土膨胀剂还可根据使用环境（地区、温度、湿度等）和混凝土结构的不同，设计不同掺量和活性，灵活调控混凝土膨胀性能和规律，实现不同条件下产品膨胀和混凝土收缩协调发展，全周期同步补偿，根据不同的混凝土强度等级、结构尺寸、浇筑温度、服役环境等，设计不同掺量和活性的氧化镁类混凝土膨胀剂，可实现不同工况条件下产品膨胀和混凝土收缩全周期的协调补偿。

钙镁复合类混凝土膨胀剂是由轻烧氧化镁膨胀材料与氧化钙类或硫铝酸钙-氧化钙类膨胀材料按照一定比例复合的混凝土膨胀剂。硫铝酸钙-氧化钙膨胀剂在结构混凝土温升阶段产生较大的膨胀变形，可补偿混凝土的自收缩等早期收缩变形并在混凝土中储存预压应力；同时，利用特定水化活性值氧化镁膨胀材料的延迟膨胀特性，补偿结构混凝土的温降收缩和后期干燥收缩，从而实现分阶段、全过程补偿此类结构混凝土的收缩变形。

研究表明：温度及其变化对混凝土膨胀剂的膨胀性能会产生

至关重要的作用。因此，识别和预估因施工环境温度、混凝土入模温度、混凝土温升温降历程、混凝土配合比以及混凝土结构尺寸带来的温度效应对于选用适宜的膨胀剂和应用比例非常有意义，防水混凝土中的膨胀剂的应用需要精准调控才能发挥作用，否则适得其反。

5.3.3 本条文为新增条文，掺加纤维类材料的混凝土对早期塑性收缩开裂具有抑制作用，其主要机理是混凝土在早期塑形阶段，强度很低或基本没有强度，而具备一定抗拉强度并在混凝土中呈三维乱向分布的纤维承担了导致混凝土开裂的拉应力，从而抑制了混凝土早期裂缝的发生。因此，掺加纤维类材料的混凝土宜采用早期抗裂试验方法进行抗裂性能评价，一般情况下，低模量合成纤维主要抑制混凝土早期裂缝的发生，对硬化后混凝土的抗开裂作用有限，高模量的合成纤维和钢纤维对硬化后混凝土具有较好的抗裂性能，能够提高混凝土的抗折强度，因此对于掺加高模量合成纤维或钢纤维的混凝土可采用折压比指标进行抗裂性能评价。

5.3.5 本条文为新增条文，水化温升抑制剂是一种具有降低水泥水化加速期反应速率，延长水化放热过程，基本不影响水化放热总量，从而实现降低混凝土温度开裂风险的新型混凝土外加剂，其主要作用是调节水泥早期水化放热反应，降低水化加速期的放热速率，然后结合混凝土结构尺寸、模板等散热条件，实现降低混凝土水化温升的目的。其与缓凝剂最主要的区别在于通过将反应时间向后推移降低水化热峰值，因此在采用绝热温升试验进行水化温升抑制剂抗裂性能评价时，为了区别于缓凝剂，首先需要符合现行行业标准《混凝土水化温升抑制剂》JC/T 2608 的有关规定。

对于结构最小截面尺寸超过 1000mm 或预测因水化热容易产生开裂、强度等级不低于 C40 的工程结构，宜按大体积混凝土的有关规定控制混凝土裂缝，可选用水化温升抑制剂材料或水化热调控型镁质高效抗裂剂材料对混凝土水化热和收缩进行控制。

5.4 长期性能与耐久性能

5.4.2 本条文为新增条文,自防水混凝土的耐久性能要求除应符合国家标准《混凝土结构耐久性设计标准》GB/T 50476-2019 的规定外,还应符合国家标准《高性能混凝土技术条件》GB/T 41054-2021 规定的混凝土在一般环境、冻融环境、氯化物环境、硫酸盐环境中的耐久性要求。

6 设 计

6.1 一般规定

6.1.2 本条文为新增条文，规定了自防水混凝土系统的适用条件和设计规定。对于不具备在建筑迎水面进行外防水层施工条件的工程，如深基坑狭窄空间下、叠合式结构或逆筑结构的侧墙，采用自防水混凝土系统时应制定专项防水方案，以解决在特殊情况下由于空间不足无法进行侧墙外防水层施工的问题。

为了支持创新，鼓励创新成果在建设工程中应用，根据国家标准《建筑与市政工程防水通用规范》GB 55030-2022 的规定，对于专项防水方案涉及的创新性的技术方法和措施，当拟采用的新技术在工程建设强制性规范或推荐性标准中没有相关规定时，应当对拟采用的工程技术或措施进行论证，确保建设工程达到工程建设强制性规范规定的工程性能要求，确保建设工程质量和安全，并应满足国家对建设工程环境保护、卫生健康、经济社会管理、能源资源节约与合理利用等相关基本要求。

6.2 配合比设计

6.2.1 本条文为新增条文，现行行业标准《普通混凝土配合比设计规程》JGJ 55 对混凝土的配合比进行了详细的规定。

6.2.3 自防水混凝土设计配合比确定后，在生产和施工前应采用现场的原材料进行配合比验证试验，检测流动性及经时损失，如发现外加剂与其他原材料适应性不好、混凝土拌合物性能不符合施工技术要求，应在不改变水胶比和膨胀剂掺量的前提下进行必要的配合比调整（包括外加剂掺量、砂率的调整）直至符合要求，以调整后的配合比作为施工配合比。

6.3 防 裂 设 计

6.3.1 本条文为新增条文，结构设计对于混凝土结构自防水工程是至关重要的环节，不仅要保证设计的结构具有足够的强度和强度储备，而且针对不同的结构应采取相应的抗裂措施。行业标准《建筑工程裂缝防治技术规程》JGJ/T 317-2014 规定了建筑工程的防裂构造措施；行业标准《地下工程混凝土结构自防水技术规范》JC/T 60014-2022 专门规定了地下工程混凝土结构的结构防裂设计措施。

6.3.2 本条文为新增条文，行业标准《超长混凝土结构无缝施工标准》JGJ/T 492-2023 规定了"深化设计"的具体内容：结构深化设计，应采取有效措施，减少和避免裂缝的产生。超长混凝土结构设计应依据"抗放结合"的裂缝治理思路，结合工程特点，重视结构构造方法的创新，通过减少边界约束、裂缝诱导、预应力等方法，推动新技术在工程中的应用。

6:4 防水构造设计

6.4.2 本条文为新增条文。

1 因为采用混凝土结构自防水技术体系，只要使用期间结构的变形量在设计允许的范围内，随着水泥持续水化，混凝土的密实度会越来越高，防水能力也越来越强。大量工程案例证明，一般竣工验收不渗漏，以后就没有渗漏隐患。但是考虑到不同工程的具体情况，如防水混凝土的厚度、结构形式是否容易开裂、施工环境条件、施工技术水准等，设计师可视工程需要增设外设防水层，增强防水能力。

2 本款体现了"排"的防水设计原则。一些设防等级要求高的工程，如博物馆、纪念馆、电气室、书籍及纸类的地下仓库，以及地铁站台、地下商场、指挥中心等重要工程，万一发生渗漏水，造成的财物损失、社会影响无法挽回或者非常巨大，故本规程建议采用双层隔水墙结构防排水和防潮，这种防水构造做法能够确保工程无渗漏、无湿渍，从技术层面讲，更容易达到防水等级一级设防要求。北京新世界中心一期地下商场项目的防水混凝土外墙采用双层隔水墙结构，这种防水构造在国外的地下工程防水设计中很常见。厚度小于350mm的底板自身刚度及配筋一般均较小，抵御不均匀变形等可能产生的附加荷载能力较弱，为防止底板开裂渗漏，建议在底板上采用架空排水或滤水层排水作为预防渗漏水的保障措施。

　　另外，外墙采用叠合结构、逆筑结构、地下连续墙的地下工程，不仅要在背水面设置外设防水层，而且建议采用双层隔水墙结构防排水；隔水墙内底部的排水沟应设计适当的排水坡度。因为叠合在支护结构上的防水外墙因支护的约束，极易产生收缩裂缝，形成大量渗漏水缺陷；逆筑结构的施工缝等是防水薄弱环节；地下连续墙因混凝土是在泥浆中浇筑，其防水性能难以保证。这些结构形式适宜在背水面做外设防水层，加强防水效果。另外，设置隔水墙结构防排水，可以从设计环节确保工程使用场合的防水质量。

　　3　调查研究证明，地下工程的变形缝、施工缝、穿墙螺栓孔、穿墙管道根、预留通道接头等节点是渗漏水的常发部位，特别是变形缝，有"十缝九漏水"之说。故对于变形缝，宜采用"防排结合"的原则，缝内侧增设排水盲管，确保使用场合的变形缝部位不渗不漏；施工缝、穿墙螺栓孔、穿墙管道根等防水节点也是防水薄弱点，需要进行强化处理。

6.4.3　现浇空心楼盖或预应力空心楼板结构渗漏后不易查找渗漏源，因此在背水面堵漏修补很困难。

7 混凝土生产与施工

7.2 计 量

7.2.1 对计量设备的检定、校验、自检和零点校准有利于保证计量的精度,及时发现问题和解决问题。若在粗、细骨料含水率变化时称量不变,则会导致实际用水量和砂石量与设计配合比产生较大偏差,从而危害混凝土的质量稳定性。因而,应根据粗、细骨料含水率的变化,及时调整粗、细骨料和拌合用水的称量。

7.3 生产与运输

7.3.2 刚粉磨出厂的水泥游离氧化钙含量较高、温度也较高,水泥进场温度过高,不仅会影响新拌混凝土的工作性能,而且会显著增高混凝土的入模温度,增大混凝土结构开裂的风险,因而刚进场的水泥宜放置一段时间待游离氧化钙稳定下来方可使用。而结块或放置时间过长会降低水泥活性甚至失效,故配制自防水混凝土也不宜采用出厂超过 3 个月的水泥,更不应采用结块的水泥。

矿物掺合料温度过高也会对自防水混凝土性能产生不利影响,因而,生产自防水混凝土时,矿物掺合料温度不宜高于 60℃。

7.3.4 本条为修订条文,修订内容为:删除了对最小搅拌时间的具体规定,最小搅拌时间按照现行国家标准《混凝土质量控制标准》GB 50164-2011 的有关规定进行。采用强制式搅拌机有利于提高搅拌效率和搅拌效果。当施工配合比或生产配合比中掺加抗裂防水功能型外加剂或其他材料时,应通过延长搅拌时间提高拌合物的均匀性。

7.3.5 本条文为新增条文,规定了防裂抗渗复合材料投料顺序和宜延长适当的搅拌时间。为了保证防裂抗渗复合材料中的纤维均匀分散在混凝土中，宜将纤维和粗、细骨料一起进入搅拌机，有利于在搅拌时通过骨料间相互挤压将纤维打散。相比于普通混凝土，纤维混凝土应适当延长搅拌时间，以确保纤维在混凝土拌合物中均匀分散。

7.3.7 自防水混凝土的黏聚性、匀质性和稳定性对抗裂防水性能至关重要，故其应具有较好的抗离析性和保水性。

7.4 浇筑与养护

7.4.1　2 不论是在运输或浇筑成型过程中加水，都将增大加水部分混凝土的水胶比，影响混凝土的力学性能和耐久性能，甚至造成很大危害或安全隐患。

7.4.2　1 混凝土达到温峰之后，金属模板良好的散热性导致降温速率过快，容易产生温度裂缝；并且金属模板保温性能很差，无法防止混凝土早期受冻。可以通过在金属模板的外侧粘贴不燃保温材料或者采用金属模板内侧密贴保温薄膜等措施改善其保温性能。

　2 金属模板若温度过高，同样会影响混凝土的性能，洒水可以达到降温的目的，但不应直接在混凝土表面洒水。现场环境温度是指工程施工现场实测的大气温度。

　3 本款引用了国家标准《大体积混凝土施工标准》GB 50496-2018，规定了采用后浇带或跳仓方法施工时对施工缝支挡和竖向支撑体系的要求。

7.4.3　1 浇筑温度高于30℃，会导致混凝土凝结时间缩短，容易出现施工冷缝；另外，浇筑气温高时，混凝土入模温度也高，会增大温度裂缝产生的概率。

　2 冬期施工入模温度不低于5℃是为防止未凝结硬化的混凝土受冻；规定已浇筑层的混凝土温度不应低于2℃，是为防止先后浇筑两层温差过大而产生温度裂缝。

7.4.4 本条文为新增条文。

1、2 施工冷缝属于施工质量事故，冷缝处极易渗漏水，因此在浇筑自防水混凝土前应制定周详的浇筑计划和做好相应的准备工作，避免出现施工冷缝。

3 本款规定分层浇筑厚度的目的是确保混凝土能够振捣密实。根据现行国家标准《混凝土结构工程施工规范》GB 50666的规定，每层浇筑厚度宜控制在300mm～350mm；大体积混凝土宜采用分层浇筑的方法，可利用自然流淌形成斜坡沿高度均匀上升，分层厚度不应大于500mm。

漏振、欠振和过振都会严重影响混凝土的质量，尤其是漏振和欠振会显著降低混凝土的密实度，因此混凝土切忌漏振和欠振。与人工插捣相比，机械振捣具有更强的激振力，更能够保证混凝土的振捣质量，故防水混凝土需要采用机械振捣。

4 混凝土浇筑完毕后，在初、终凝前，对混凝土表面进行抹压处理，能够有效消除混凝土的早期裂缝，对于提高混凝土结构的防水性能具有很好的作用。

7.4.5 本条规定了防水混凝土应采取的养护措施。

1 除冬期施工不应蓄水养护外，其他季节对于底板、顶板等水平结构或是厚度不超过500mm的侧墙等竖向结构，可以采取直接蓄水或洒水养护，或是采用塑料薄膜、养护毛毯、麻袋、毛毡、土工布、节水保湿养护膜等进行保湿养护，减少混凝土内部水分散失；冬期施工时，则需要进行保温保湿养护。

2 带模养护方面，应根据模板的类型、模板的保湿及保温性能，并结合监测结果，进行确定。此外，为了减少模板的约束，可以在混凝土达到一定强度后松开模板，并继续带模养护。拆模时间根据混凝土强度与温度发展情况确定，同时需考虑使用不同材料模板时混凝土的降温速率和环表温差变化情况，拆模时混凝土表面温度与外界温度相差不应大于20℃。带模养护可利用模板的封闭作用减少水分散失，同时在一定程度上降低混凝土里表温差与降温速率，提高混凝土的抗裂性；带模养护一段时间混凝土达到一定强度与温度后，可拆除模板后继续保温保湿养护。

　　喷淋与洒水为湿养护方法，喷淋是在墙体上方设置喷淋管道，对整个墙面不间断洒水润湿，能起到很好的湿养护效果，洒水养护一般为人工定时进行的养护方式，需根据表面的润湿情况及时补水，防止干湿循环交替对表层混凝土性能的影响。当采用洒水养护时，养护用水的温度与混凝土表面温度之差不宜超过15℃，避免混凝土表面温度骤降而引起裂纹。在混凝土表面强度较低的情况下，采取洒水、喷淋、蓄水等养护方式，容易对表面性能造成负面影响。因此初期养护可采取喷洒养护剂或覆盖薄膜养护措施，养护剂喷洒应均匀，喷洒后的表面不应有颜色差异。

　　对于大体积混凝土，需要根据环境条件进行适当的保温保湿养护，通过保温，可以减少大体积混凝土表面散热，从而降低大体积混凝土结构内外温差，降低混凝土结构因内外温差过大导致的温度裂缝；同时，通过保温也可以降低大体积混凝土的降温速率，延长混凝土散热时间，加速混凝土强度的增长，提高混凝土抗拉强度，从而提高混凝土抗裂能力，降低或防止混凝土温度裂缝的产生。同时，应及时监测混凝土浇筑体的里表温差和降温速率，当实测结果不符合温控指标要求时，应及时调整保温养护措施。混凝土保温材料可采用复合多层土工布、麻袋、岩棉保温材料等，保温覆盖层拆除应分层逐步进行，当混凝土表面温度与环境最大温差小于20℃时，可全部拆除。

7.4.6　本条规定了自防水混凝土冬期施工应采取的养护措施、条件及时间。冬期现浇混凝土施工时，必须采取一定的技术措施。因为环境温度为4℃时，混凝土强度的增长速度仅为15℃时的1/2。当环境温度降到－4℃时，水泥水化作用基本停止，混凝土强度也停止增长。水冻结后，体积膨胀为8%～9%，使混凝土内部产生很大的冻胀应力。如果此时混凝土的强度较低，就会被冻裂，使混凝土内部结构破坏，造成强度、抗渗性显著下降。冬期施工措施，既要便于施工、成本低，又要保证混凝土质量，具体应根据施工现场条件选择。

8 质量检验与验收

8.1 原材料质量检验

8.1.2 本条文对制备自防水混凝土原材料的进场验收进行了规定。自防水混凝土的原材料进场检验与普通混凝土相似。原材料进场时，审核质量证明文件和采用随机取样检验复验原材料性能均是有效的质量控制手段。高性能混凝土的水泥、矿物掺合料、砂石等原材料检验批量与预拌混凝土相同。对符合规定条件的检验批量进行放大，既能保证原材料的质量、降低检验综合成本，又能促进生产企业采用更先进的质量管理制度，并可通过第三方产品认证提高产品质量。

8.2 自防水混凝土性能检验

8.2.1 本条文为新增条文，规定了对自防水混凝土的性能检验要求。

8.2.2 本条文为新增条文，山东省工程建设标准《高性能混凝土应用技术规程》DB 37/T 5150-2019 规定了实体结构高性能混凝土质量检验要求。实体结构自防水混凝土的质量检验要求与普通防水混凝土相同，可选用同条件养护试件、钻取芯样、回弹、超声等方法来检验结构实体混凝土强度，也可选用同条件养护试件检验耐久性能。混凝土裂缝、其他外观质量与缺陷、钢筋保护层厚度以及氯离子含量应符合现行国家标准《建筑结构检测技术标准》GB/T 50344、《混凝土结构工程施工质量验收规范》GB 50204 的要求。

8.3 自防水混凝土工程评价与验收

8.3.2 本条为修订条文，修订内容为：对混凝土的抽样检验数量按照水平结构和竖向结构分别进行了规定。本条对自防水混凝土分项工程进行了验收规定。根据自防水混凝土结构的特点，在现行国家标准《建筑与市政工程防水通用规范》GB 55030 的基础上，针对工程防水薄弱环节进行必要的抽查。